富必有方

聊齋志異裡的商業思考

林峰丕〔著〕

［推薦序］

看透故事裡的商道與生命的洞察及指引

Podcast「郝聲音」主持人　郝旭烈

峰丕老師不僅是一位醫人的名醫，更是一位醫心的仁醫。除了其精湛的專業領域，每每與他訪談交流，更能感受其多元思維、博古通今、旁徵博引的底蘊。尤其，聽他娓娓道來，常常就是在簡單的故事中，就能傳遞令人回味無窮的哲理，以及饒富趣味又極為深刻的剖析。

這也讓我想起了班傑明・富蘭克林曾說過的話：「人們遵循的從來不是道理，而是誘因。」

不要說之以理，而要誘之以利。

道理常常是人人都懂，但是不見得想聽；然而，引人入勝的故事，連帶著饒富趣味的人物與靈魂，那才是會讓人「利之所趨」深入人心的關鍵。與其論述乏味的道理，或許陳訴趣味的故事。

從小就非常喜歡《聊齋志異》。雖然從姥爺的書櫃裡，看到的是蒲松齡的白話本，但也就是因為白話的內容容易理解，讓我對裡面的鬼狐軼事，著迷不已。

長大之後，又重看了幾次《聊齋志異》，慢慢地對於這些鬼狐與人之間的糾葛，又多了幾分深刻的體會。

不管是在生活上、工作中，又或者是各種的關係，所謂「見人說人話，見鬼說鬼話」，又何嘗不是像聊齋一樣，在世上各顯神通、各憑本領。

這次喜見峰丕醫師把聊齋結合商道，寫成了這本好書，更是讓我在欣喜之餘，充滿著無限的感動。

很多人曾經問我為什麼喜歡書、愛閱讀？不是只要認識身旁周遭有智慧的人，就好了嗎？

我說，就算身旁有不凡的友人，但是我們總沒有辦法上尋千百年，認識孔子、老子，又或是如同蒲松齡能將鄉野奇談融入人生哲理的大師。

但是，只要一書在手，我們就可以任意穿越時空，和這些智者來上一場無聲心靈的對話。

一書在手，智慧相守。

這是一種「傳承」，或者說是「承傳」，「承受」著古人的智慧，經由我們這一代的消化融合，再一代一代的往下「傳遞」。

誠摯推薦這本峰丕醫師的好書。期待讓我們在悠遊聊齋的神奇幻境之中，也能夠對世事的商道，擁有更透徹的洞察，和生命更深刻的指引。

［推薦序］

看懂人性與商道，拓寬你人生的護城河，同時如虎添翼

臨床心理師 洪培芸

閱讀的最大好處，就是能夠知古鑑今，讓你少走冤枉路，甚至是走上了不歸路，如同林峰丕醫師在書中特別提及廣西南寧詐騙案，綜觀歷年來所有詐騙案，甚至是有爭議的心靈課程，都是老片翻拍。伎倆、套路並不新穎，只是演員換了，早在《聊齋志異》如此古老經典的作品就已屢見不鮮，只是多數人都只把聊齋當成狐仙、鬼怪……等奇幻故事看，不曾真正看懂故事中的人性和寓意。可見不變的，始終是人性；而能夠破解的，也是對於人性的深刻洞察與認知。

理財與投資，透過閱讀來豐富你的生命經驗，強化你的投資心理素質

爆發於二〇〇八年底，美國華爾街有史以來最大的投資騙局，主事者還是那斯達克證交所前主席馬多夫，他的專業背景帶來更顯著、也更難辨識的「月暈效應」，讓更多人更輕易地相信他。**人性的共同之處，就是當你看到愈多有錢人、名人相信某一個人、團體或組織，那麼你就會覺得更加可信。**

不只是美國華爾街發生過的「龐氏騙局」（Ponzi scheme），臺灣早期也有過地下投資公司，鴻源、龍祥、永安打著高利率的旗幟，吸收了近千億的游資，讓許多人都瘋狂投入，卻在這些公司宣告破產後，求償無門而深陷憂鬱，甚至是釀成家庭悲劇。事發當時我只有七歲，我的世界及關注點只有桃太郎要去打怪，自然是不知道臺灣社會正在發生大事。幸好透過閱讀，我才能夠補足生命經驗的缺角，去看到歷史一再重演，人性又是

如何運作，以及被操弄。

除了貪婪、懶惰與粗心，想要一夕致富、快速翻身的底層邏輯與關鍵的核心問題，是不是你厭惡你現在的工作？希望透過投資致富，盡快擺脫眼前索然無味甚至是痛苦的工作，換得自由身，這才是最該被看見，個人層次的重要生命議題。

我也觀察到，有些人習慣跳過投資、理財的新聞不看，更不願意閱讀相關書籍，這是最大的警訊。但凡自己沒興趣的領域，就完全不去留意，更遑論深入了解。即便社會發生天大的事，也彷彿活在另一個平行時空；直到自己成為上當的主角群之一，才後悔莫及。

最好的人脈關係，是互利互惠，共好共榮

在我二〇二三年底出版第五本書《療癒內疚》時，唯賀餐飲集團總經理，也是《不是我人脈廣，只是我對人好》的作者吳家德老師，就邀請我

去該企業演講。我私底下請教吳家德老師，怎麼會邀請我來演講呢？一整個受寵若驚。他說他知道我出新書時，就在思考要怎麼幫我；有趣的是，家德老師早先出版《生活是一場熱情的遊戲》時，我受到書中內容感動而在Facebook粉絲專頁分享書訊，只是舉手之勞，連幫忙都算不上；後來家德老師邀請我到企業內部演講，為新書宣傳起到更大的幫助及效用。

讓利、互惠就是為自己的未來鋪設一條貴人之路，放人一條生路也是。你讓的不只是利，更讓人看見你的胸襟、格局與人品。持續地提升自己，貴人才會看見你；願意給予的人，人脈才會接近你。

創業，洞悉未被滿足的需求

我敬佩的品牌行銷專家、捷思整合行銷創辦人唐源駿在專訪時提到，「思考創業時，要先想的不是你想做什麼，而是要先找到一群還沒有被滿足的人。」也呼應本書的提醒，做生意前先做市調。不少人的創業是跟風，是從眾；能夠掌握消費者的需求、了解目標市場、建立差異化……再來談創業。從我高中時期看到的葡式蛋塔風潮、娃娃機到各種手搖飲……的潮起潮落，都讓我一再感受到「眼看他起朱樓，眼看他宴賓客，眼看他樓塌了」。

找出產業脈動的邏輯，對自己內心狀態的掌握，對人性的精準預測

如果你能像《全球經濟18年大循環》分析景氣循環背後的邏輯，從中掌握投資先機，避開風險，那麼恭喜你，也佩服你。然而，如果你像我一樣忙碌，也認為人生除了投資還有很多有趣的事想去嘗試、想去投入，那麼還是乖乖買指數型ETF吧！積極與穩健是我的投資哲學，也是我的人生哲學。試想，我的工作需要極其專注，我總不能在心理治療工作的過程中跟個案說：「不好意思，我要看一下盤，先讓我下個單吧！」這樣的心

理師（任何與人相關的專業工作）你敢找嗎？

對我來說，人性相對好預測，對於自己內在狀態及情緒起伏的掌握，更是你應該好好面對、修練的功課。

商場與全人生的不敗定律，持續與時俱進

「苟日新，日日新，又日新」，相信你一定聽過。有一次我受邀到人間衛視的節目《人生調色盤》討論ＡＩ，其中一題就是「身為臨床心理師的你，會不會擔心有朝一日被ＡＩ取代？」說來好笑，答案是怕也不怕。前者是未來的產業變化、科技發展，誰也無法精準預料；後者是我持續跨界學習、多元發展，不再用心理師單一專業及角色定位自己。即使我是醫事人員，都必須用商業之道來提醒自己，不只是產業內的不斷更新，更要全方位的與時俱進。

商場上最重視誠信，為人處事何嘗不是

聽過無數的人間故事，格外讓人欣賞，甚至是敬仰的共同特質，就是誠信。小至情場，大至商場，沒有人喜歡被出爾反爾、遭遇背信棄義，能夠留下好口碑甚至聲名遠播者，都是重然諾，守信義，這是顛撲不破的人心所趨，貫穿一切的處世之理。

這本書談的不只是商業之道，更是人生之道。透過林峰丕醫師的大作幫助你撥雲見日，真正看懂人性、了解自己和商業邏輯，你能獲得的最基本好處，是不再輕易上當、反覆受騙，拓寬你人生的護城河；然而，更好的運用是豐富你的商業思維，改寫你的職涯與人生，創業時也能如虎添翼。

［自序］

不過時的底層邏輯

我相信很多人一聽到《聊齋志異》，腦海中浮現的就是鬼故事，好像聊齋跟鬼怪劃上了等號。如果你也是這麼看待這本書，那我很肯定你應該沒有看過全本《聊齋志異》，就像有人這麼說過：即便是中文系的學生，能看完整本《紅樓夢》的可能也不超過百分之十。

如果《紅樓夢》是如此，我想《聊齋志異》應該也相去不遠。

但這本收錄近五百個故事的短篇小說集裡，真的跟鬼怪狐精靈異相關的內容，其實只占了四分之一，其他都是奇人異事或鄉野奇談、都市傳說。一般人會有這樣的誤解，可能是大部分改編的影視作品幾乎都著重在鬼怪題材，像是《倩女幽魂》、《畫皮》、《胭脂》等，讓很多觀眾以為它是一本鬼故事大全。事實上，蒲松齡在書裡想要傳達的，遠不止這些有點恐怖氛圍的情節。

說起蒲松齡，是不得志書生的超級典範。他一輩子的好運大概在十九歲那一年全部用完了。他在縣、府、道三級考試中均拿到第一名的好成績，可說是秀才三冠王，這是他最風光的一年。之後的科舉考試卻次次落榜，只能勉強當個地方官員的小幕僚，後來乾脆回家鄉開個私塾，收些學生來養家，一教就教了四十年。當他的學生都考上了舉人，同試競逐的他還是名落孫山。

一直到了七十二歲，他終於透過歲貢（被遴選而非參加考試）補為貢生，算是老天給他這一生活到老、考到老，所頒發的最佳勇氣獎。但這個遲來的身分，並沒有對他的生活產生任何改變，就這樣活到七十六歲，也為畢生的教書與考試生涯畫下了句點。

《聊齋志異》這本流傳後世的鉅著，是蒲松齡四十歲時完成的。當時沒有引起太大的迴響，因為他根本沒錢付梓，只能在同儕之間傳抄；一直到蒲松齡死後五十一年，才第一次印行。這本書享譽全世界，是少數直到現在仍有作者部分原手稿被保留下來的名著，存放在遼寧圖書館作為鎮館之寶。它也是最早被翻譯為多國語言的中國古典小說之一，影響力無遠弗屆。

這些榮光都跟蒲松齡失意的一生有著緊密相連的關係，但他無緣得見。

我在重讀這本名著時突然想到：除了藉由那些光怪陸離的超現實情節來一吐心中不得志的怨氣之外，蒲先生還有沒有可以告訴後人的其他觀點？其實他的父親蒲槃也曾因為仕途不順而棄儒從商，生意做得有聲有色，我相信蒲松齡小時候是擁有過好日子的。後來家道中落，生活由奢入儉，這個轉折也反映在他的作品當中（例如〈宮夢弼〉），這些商人面對的種種順境、逆境，必然在他成長的過程中，留下了不可磨滅的影響。

他看似冷眼旁觀，不願涉入，卻又難以真正變成局外人；就像一個下了戲的演員，卻仍陷在劇情裡無法出戲。從那些貧苦的日子走來，他感受最深的，應該就是世態炎涼、人情冷暖，而這些也成了下筆寫就一則則故事的最佳調味劑。我試圖抽絲剝繭、定性分析，把隱藏在這部警世寓言裡有關的商業之道，如披沙揀金一般淘洗出來。要說我強作解人也好，說我自作聰明也罷，如果能為此書找出一些實用的價值，而且是不過時的人生智慧，我樂於接受讀者任何批評。

一部偉大的作品，在於能提供每位讀者不同的刺激與想像空間，我們不是在參加考試，沒必要追求普世認同的標準答案。關於這一點，我想一生參加了無數考試的松齡先生，必定是最有共鳴的。《富必有方：聊齋志異裡的商業思考》裡的故事，或許不是你所熟悉的「經典之作」，但歡迎你以全新的視角，一同來解構更多元、更有現代感的經典。你會發現：它一點也不過時。

#【目錄】

1

因小失大的賣梨人：適度讓利，提高獲利

〈種梨〉

〔原文〕

有鄉人貨梨於市，頗甘芳，價騰貴。有道士破巾絮衣，丐於車前。鄉人咄之，亦不去；鄉人怒，加以叱罵。道士曰：「一車數百顆，老衲止丐其一，於居士亦無大損，何怒為？」觀者勸置劣者一枚令去，鄉人執不肯。肆中傭保者，見喋聒不堪，遂出錢市一枚，付道士。道士拜謝，謂眾曰：「出家人不解吝惜。我有佳梨，請出供客。」或曰：「既有之，何不自食？」曰：「吾特需此核作種。」於是掬梨大啗。且盡，把核於手，解肩上鑱，坎地深數寸納之，而覆以土。向市人索湯沃灌。好事者於臨路店索得沸瀋，道士接浸坎處。萬目攢視，見有勾萌出，漸大；俄成樹，枝葉扶疏；倏而花，倏而實，碩大芳馥，纍纍滿樹。道人乃即樹頭摘賜觀者，頃刻向盡。已，乃以鑱伐樹，丁丁良久乃斷；帶葉荷肩頭，從容徐步而去。

初，道士作法時，鄉人亦雜眾中，引領注目，竟忘其業。道士既去，始顧車中，則梨已空矣。方悟適所俵散，皆己物也。又細視車上一靶亡，是新鑿斷者。心大憤恨。急跡之，轉過牆隅，則斷靶棄垣下，始知所伐梨本，即是物也。道士不知所在。一市粲然。

有個鄉下人在市集裡賣梨，他的梨子又甜又香，價格卻相當昂貴。

這時，一位衣衫破舊的道士來到他的攤車前想討顆梨子吃。賣梨人出聲喝斥道士，但道士不為所動；賣梨人生氣了，將道士臭罵了一頓。

道士說：「你這一車有好幾百顆梨，我也只不過討一顆，對你又沒多大損失，幹麼發這麼大的火？」

一旁看熱鬧的人也勸賣梨的小販乾脆挑個賣相差的梨子給他，打發他走就好了，但賣梨的執意不肯。旁邊一間店鋪裡有位跑堂看他們吵鬧不休，就掏錢買了一顆梨子送給那位道士。

道士謝過了跑堂的，對一旁圍觀的人說：「出家人不會吝嗇，我這裡有上等的梨，拿出來分享給大家。」有人問：「你既然自己有，幹麼不拿出來吃就好？」

道士說：「我得先用這顆梨的核來種呀。」於是道士大口大口地吃完梨，把梨核吐在手裡，從肩頭解下一把鏟子，在地上挖出了幾寸深的大洞，把梨核種進去，再用土蓋回去，然後向市集裡的人要了一些水來灌溉。

有位看好戲的人故意向附近店家討了一盆滾燙的水給他，道士接過來，就直接把水澆在種梨的地方。

在眾目睽睽之下，不一會兒就看見地上冒出芽來，漸漸長成了一棵枝葉茂密的梨樹；一下子開了花，沒多久就結了果實，滿樹的梨子又大又香。

道士從樹上把梨摘下來，分送給所有看熱鬧的人，很快就送完了。之後道士開始用鏟子砍樹，鏗鏗鏘鏘，樹許久才倒下。他將整棵樹連枝帶葉扛在肩頭，從容地離去。

話說那道士在施行法術的時候，賣梨的人也好奇地擠在人群中張望，專注到忘了自己的生意。道士走了，他回頭去看自己的攤車，沒想到車裡的梨子全部不見了，才意識到剛才道士請大家吃的梨都是自己的。再仔細一看，車上的一個把手也不見了，還留著剛被砍斷的痕跡。

他火大極了，急忙跑去追那名道士。一轉過牆角，發現那支斷掉的車把被丟棄在牆腳，恍然明白這就是道士砍下的樹幹。而道士早已不知去向，滿街的人都笑翻了。

因時制宜，創造商品差異化

這雖然是一個有寓言色彩的故事，但為商之道，不分古今。仔細想想，這位賣梨的小販真的有做錯什麼事嗎？好像也沒有。若時空背景移到了現在，我相信很多人的反應還是會跟他一樣，面對前來討梨的人就是一陣大罵，並且驅趕。

其實不願吃虧正是人性，換個角度思考，或許有更聰明的做法。既然小販賣的是高單價的水梨，獲利可觀，拿一顆有缺陷的梨子出來請客人吃，或是切成小片給客人試吃，不但可以招攬更多客人，也等於是替自己的梨子掛保證，何樂而不為？

若是那名道士吃了美味的梨子之後，為了感謝小販的善心，幫忙吆喝宣傳，讓這車梨子能夠更快地售完，小販就可以早點回家數鈔票，不是雙贏策略嗎？

而且他對道士的惡行惡狀看在其他顧客的眼裡，也容易形成負面印象。如果市集裡有許多水果攤，我想大家寧可跟其他笑臉迎人的攤販購買，也不想跟一臉凶相的老闆做生意吧？

再者，他似乎忘了自己賣的東西是有時效性的。蔬果類的商品並不耐放，無論他的梨子如何香甜可口，過了時間賣不掉，也只能報廢。一個人就算胃再大，也不可能全部吃下肚。因此，行銷這種有時效性的產品，必須掌握市場節奏，以薄利多銷的方式搶占先機，而不是一味抬高價格，讓人望之卻步。

比較好的做法，是將這整車的梨子依照賣相的優劣、大小區分出不同等級，定出不同價位，這樣一來，不但可以迎合不同消費族群，也能替商品創造出差異化，而不是在市場中和稀泥，推出大雜燴的商品來競爭。

販售之前先訂出預期的銷售目標，達標之後可以更彈性的方式調整商品的售價。以這車的梨子來說，如果賣出一半就已經損益兩平，那麼剩下來的，就是賣一顆賺一顆，不妨用更實惠的價格來做促銷活動，加快商品週轉率，貨暢其流。就像很多市場到了黃昏快收攤的時刻，老闆常會俗俗賣一樣。這個道理並不難理解，因為店家已經有賺頭，而剩下的產品可能也快超過保鮮期，希望能盡快出清。就算小賺也還是賺，自然要降價求售。

很多商人並沒有這樣的邏輯，堅持單一商品的獲利，不願犧牲一絲一毫利潤。別忘了，當你的庫存品一天天累積、滯銷，隱形成本也是與日俱增；最後有可能失去價值，甚至變成垃圾，得再花一筆錢清運，嚴重侵蝕了獲利。

這位道士的出場，除了增加故事的張力，似乎也在提醒每位做生意的人：大器方為王道。

一點虧都不肯吃，不是做生意的底層邏輯。唯利是圖雖然是商業目的，但適度讓利可能會帶來更好的結果，全有全無，有時只在一念之間。因此，你的商業策略必須更有彈性，才不會被突如其來的變局給擊垮。

2

來自陌生人的意外救贖：急功近利是做生意的大忌

〈王成〉

〔原文〕

王成，平原故家子。性最懶，生涯日落，惟剩破屋數間，與妻臥牛衣中，交謫不堪。

時盛夏燠熱，村外故有周氏園，牆宇盡傾，唯存一亭；村人多寄宿其中，王亦在焉。既曉，睡者盡去；紅日三竿，王始起，逡巡欲歸。見草際金釵一股，拾視之，鐫有細字云：「儀賓府制。」王祖為衡府儀賓，家中故物，多此款式，因把釵躊躇。欻一嫗來尋釵。王雖故貧，然性介，遽出授之。嫗喜，極贊盛德，曰：「釵值幾何，先夫之遺澤也。」問：「夫君伊誰？」答云：「故儀賓王柬之也。」王驚曰：「吾祖也。何以相遇？」嫗亦驚曰：「汝即王柬之之孫耶？我乃狐仙。百年前，與君祖繾綣。君祖歿，老身遂隱。過此遺釵，適入子手，非天數耶！」王亦曾聞祖有狐妻，信其言，便邀臨顧。媪從之。

王呼妻出見，負敗絮，菜色黯焉。媪歎曰：「嘻！王柬之孫子，乃一貧至此哉！」又顧敗灶無煙，曰：「家計若此，何以聊生？」妻因細述貧狀，嗚咽飲泣。媪以釵授婦，使姑質錢市米，三日外請復相見。王挽留之。媪曰：「汝一妻不能自存活，我在，仰屋而居，復何裨益？」遂徑去。王為妻言其故，妻大怖。王誦其義，使姑事之，妻諾。逾三日，果至。出數金，糴粟麥各石。夜與婦共短榻。婦初懼之；然察其意殊拳拳，遂不之疑。

翌日，謂王曰：「孫勿惰，宜操小生業，坐食烏可長也？」王告以無資，曰：「汝祖在時，金泉憑所取；我以世外人，無需是物，故未嘗多取。積花粉之金四十兩，至今猶存。久貯亦無所用，可將去悉以市葛，刻日赴都，可得微息。」王從之，購五十餘端以歸。媪命趣裝，計六七日可達燕都。囑曰：「宜勤勿懶，宜急勿緩；遲之一日，悔之已晚！」王敬諾。囊貨就路，中途遇雨，衣履浸濡。王生平未歷風霜，委頓不堪，因暫休旅舍。不意淙淙徹暮，簷雨如繩。過宿，濘益甚。見往來行人，踐淖沒脛，心畏苦之。待至亭午，始漸燥，而陰雲復合，雨又大作。信宿乃行。將近京，傳聞葛價翔貴，心竊喜。入都，解裝客店，主人深惜其晚。先是，南道初通，葛至絕少。貝勒府購致甚急，價頓昂，較常可三倍。前一日，方購足，後來者並皆失望。主人以故告王。王鬱鬱不得志。越日，葛至愈多，價益下，王以無利不肯售。遲十餘日，計食耗煩多，倍益憂悶。主人勸令賤鬻，改而他圖，從之。虧資十餘兩，悉脫去。早起，將作歸計，啟視囊中，則金亡矣。驚告主人，主人無所為計。或勸鳴官，責主人償。王歎曰：「此我數也，於主人何尤？」主人聞而德之，贈金五兩，慰之使歸。

自念無以見祖母，蹀踱內外，進退維谷。適見鬥鶉者，一賭輒數千；每市一鶉，恆百錢不止。意忽動，計囊中資，僅足販鶉，以商主人。主人亟慫恿之。且約假寓飲食，不取其直。王喜，遂行。購鶉盈儋，復入都。

主人喜，賀其速售。至夜，大雨徹曙。天明，衢水如河，淋零猶未休也。居以待晴，連綿數日，更無休止。起視籠中，鶉漸死。王大懼，不知計之所出。越日，死愈多；僅餘數頭，併一籠飼之；經宿往窺，則一鶉僅存。因告主人，不覺涕墮。主人亦為扼腕。王自度金盡罔歸，但欲覓死，主人勸慰之。共往視鶉，審諦之曰：「此似英物。諸鶉之死，未必非此之鬥殺之也。君暇亦無所事，請把之；如其良也，賭亦可以謀生。」王如其教。

既馴，主人令持向街頭，賭酒食。鶉健甚，輒贏。主人喜，以金授王，使復與子弟決賭，三戰三勝。半年許，積二十金。心益慰，視鶉如命。

先是，大親王好鶉，每值上元，輒放民間把鶉者入邸相角。主人謂王曰：「今大富宜可立致；所不可知者，在子之命矣。」因告以故，導與俱往。囑曰：「脫敗，則喪氣出耳。倘有萬分一，鶉鬥勝，王必欲市之，君勿應；如固強之，惟予首是瞻，待首肯而後應之。」王曰：「諾。」至邸，則鶉人肩摩於墀下。頃之，王出御殿。左右宣言：「有願鬥者上。」

即有一人把鶉，趨而進。王命放鶉，客亦放；略一騰踔，客鶉已敗。王大笑。俄頃，登而敗者數人。主人曰：「可矣。」相將俱登。王相之，曰：「睛有怒脈，此健羽也，不可輕敵。」命取鐵喙者當之。一再騰躍，而王鶉鎩羽。更選其良，再易再敗。王急命取宮中玉鶉。片時把出，素羽如鷺，神駿不凡。王成意餒，跪而求罷，曰：「大王之鶉，神物也，恐傷吾禽，喪吾業矣。」王笑曰：「縱之。脫鬥而死，當厚爾償。」成乃縱之，玉鶉直奔之。而玉鶉方來，則伏如怒雞以待之；玉鶉健啄，則起如翔鶴以擊之；進退頡頏，相持約一伏時。玉鶉漸懈，而其怒益烈，其鬥益急。未幾，雪毛摧落，垂翅而逃。觀者千人，罔不歎羨。王乃索取而親把之，自喙至爪，審周一過，問成曰：「鶉可貨否？」答云：「小人無恆產，與相依為命，不願售也。」王曰：「賜而重直，中人之產可致。頗願之乎？」成俯思良久，曰：「本不樂置；顧大王既愛好之，苟使小人得衣食業，又何求？」王請問直，答以千金。王笑曰：「癡男子！此何珍寶而千金直也？」成曰：「大王不以為寶，臣以為連城之璧不過也。」王曰：「如何？」曰：「小人把向市廛，日得數金，易升斗粟，一家十餘食指，無凍餒憂，是何寶如之？」王言：「予不相虧，便與二百金。」成搖首。又增百數。成目視主人，主人色不動。乃曰：「承大王命，請減百價。」王曰：「休矣！誰肯以九百易一鶉者！」成囊鶉欲行。王呼曰：「鶉人來，鶉人來！實給六百，肯則售，否則已耳。」成又目主人，主人仍自若。成心願盈溢，惟恐失時。曰：「以此數售，心實怏怏；但交而不成，則獲戾滋大。無已，即如王命。」王喜，即秤付之。成囊金拜賜而出。主人懟曰：「我言如何，子乃急自鬻也？再少靳之，八百金在掌中矣。」成歸，擲金案上，請主人自取之，主人不受。又固讓之，乃盤計飯直而受之。王治裝歸，至家，歷述所為，出金相慶。嫗命治良田三百畝，起屋作器，居然世家。嫗早起，使成督耕，婦督織；稍惰，輒訶之。夫婦相安，不敢有怨詞。過三年，家益富，嫗辭欲去。夫婦共挽之，至泣下。嫗亦遂止。旭旦候之，已杳矣。

王成本是平原世家子弟，但因為生性懶惰，生活日益窮困，最後剩下幾間破房子，跟妻子勉強度日，兩人之間時常發生爭執。

時值盛夏，天氣非常炎熱，村外有座周家舊宅已荒廢多時，只剩一座大涼亭保持完好；很多人便到那座亭中露宿，王成也去了。

有一天天剛亮，村裡的人都散了，王成到了日上三竿才起身準備回家。忽然間，他瞥見草叢裡有支金釵，撿起來一看，上面刻有一行小字「儀賓府制」。

王成的祖父曾當過衡王府儀賓，家中收藏的舊物很多這個款式，因此他拿著金釵端詳甚久。

這時出現一位老婦人前來找金釵，王成雖窮，但品行正直，馬上把金釵還給她。老太太很高興，並稱讚王成是個好人，她說：「金釵雖然不值錢，但它可是我亡夫的遺物呀。」

王成隨口問她的丈夫是誰，她回答：「是已死去的儀賓王柬之。」王成驚呼：「他是我的祖父，妳怎麼會是他老婆呢？」

老太太聽了也很驚訝：「你是王柬之的孫子？我本是一隻狐仙，百年前與你祖父有過一段姻緣。後來你祖父過世，我也就隱居了。沒想到路過這裡時弄丟了金釵，竟被你撿到了，這真的是天意啊！」

王成想起曾聽說祖父娶過一位狐妻，於是相信老太太的話，並邀她一同回家。到家後，王成要妻子趕快出來相見，只見他的妻子穿著破衣，臉色黯沉無光。

老太太不禁感歎：「唉……想不到王柬之的孫子，竟落魄到這個地步！」看到破灶上空空如也，問道：「家裡窮成這樣，你們怎麼生活啊？」王成的老婆一五一十地說出了家中的困境，說到傷心處，止不住眼淚。

老太太聽了以後便將自己的金釵送給王成的妻子，讓她先解燃眉之急，並說三天之後會再來。

王成極力想挽留她，老太太說：「你連自己的妻子都快養不活了，我再留下來只會更糟，彼此什麼好處也沒有。」

她走了以後，王成向妻子說明實情，妻子聽了相當害怕。王成盛讚老太太有情有義，要妻子好好侍奉她，妻子答應了。

過了三天，老太太果真依約再來。她拿出一些銀子，買了米麥各一石。晚上她與王成的妻子共擠一張小床而眠。

起初王成的妻子有些畏懼，但看到老太太釋出的善意，也就放下了心中的疑懼。

第二天，老太太對王成說：「孫兒不要懶惰，應該做點小生意，坐吃山空怎麼會是長久之計？」

王成說，沒錢談何容易。

老太太說：「你祖父在世時，銀錢隨我花用。因為我不是世間之人，不需要錢，所以未曾多要。積攢下來的四十兩花粉錢，至今還保存著，不如你拿去批些葛布，馬上進城去賣，應該可以賺一點錢。」

王成接受她的建議，買了五十疋葛布回來。

老太太催促他立刻啟程，並說六、七天就可以到達京城。她一再叮囑：「你一定要勤快，千萬不可偷懶，行動俐落一點，不要拖延時間；要是慢了一天，就後悔莫及了。」

王成恭敬地答應了，帶著葛布動身，沒想到途中遇上大雨，衣服和鞋襪都濕透了。

王成這輩子從來沒經歷過半點風霜，奔波勞頓，疲憊不堪，於是先住進客棧。第二天雨勢未歇，他看著往來的旅客都跨水前行，心裡暗暗叫苦。到了中午，好不容易雨停了，沒多久卻又烏雲密布，大雨滂沱，無奈之下只得再住一晚。

等他快要到達京城時，聽說葛布價格大漲，心中竊喜。但入京住進客店後，店主卻對他晚來一步感到惋惜。

因為南方道路剛開通，葛布進來的很少，而貝勒府急需用布，價錢比平常貴了三倍。但是前一天貝勒府已買足了布，價格回跌，後來才進布販賣的商人都大失所望。

王成得知後鬱鬱寡歡。

過了一天，進葛布的人愈來愈多，價錢直直落，王成認為無利可圖，不願廉售。

又過了十多天，他的食宿費已經花得差不多，布卻全都沒賣出去，心裡更加鬱悶。

店主勸他趕快低價賣掉葛布，轉做其他生意，王成只得無奈接受。算一算，全部的貨賣出去得虧十幾兩銀子，只能忍痛出清。

隔天一早，王成打算收拾行李回家，拿出錢袋一看，錢全部被人偷走了。

王成趕忙告訴店主，老闆也無可奈何。

有人勸他去向官府告狀，讓店主賠償。王成卻說：「是我自己運氣不好，跟老闆何干？」店主聽了很感動，於是送他五兩銀子當作回家的盤纏。

王成自覺沒臉回家見祖母，他左思右想，不知如何是好。就在這時，看見有人在鬥鶉，一賭就是幾千錢，而買一隻鶉大概要花百來錢。他靈機一動，想到用身上的錢買鵪鶉也足夠了。

他跟店主商量，店主也覺得這是個好主意，決定不收他的食宿費。王成很高興地買了一擔鶉回來，店主十分欣喜，希望他能快點把鶉賣掉。

不料，倒楣事接二連三而來，當天夜裡下了一場傾盆大雨，把街道變成小河，王成只好枯坐著等待老天放晴。

雨一連下了好幾天，籠子裡的鶉漸漸死去，王成焦急萬分，卻無計可施。每過一天，鶉子就死掉更多，眼見幾籠鵪鶉只剩下寥寥幾隻，乾脆把牠們全裝進同一個籠子裡飼養。

誰知一夜過去，竟然只剩下一隻鵪鶉存活下來。

王成把情況告訴店主，忍不住潸然淚下，老闆也扼腕不已。

王成心想錢花光了，家也回不去，不如死了算了。好心的店主人只能一再勸慰他。

店主人和王成去查看那隻僅存的鵪鶉，仔細觀察之後，對王成說：「這隻鶉看起來不太一樣，其他鵪鶉很可能是被牠鬥死的。你反正沒事，不如讓牠去鬥鬥看，如果牠真是隻善鬥的鶉，也是一條謀生之路。」

王成覺得不無道理，就開始馴養這隻鶉。

店主要他帶著鶉去街上賭一頓酒食。這隻鶉鋒頭很健，動輒得勝；店主也很高興，拿了些錢給王成當賭本，讓他的鶉去跟別人的鶉鬥，竟然三戰三勝。

就這樣，過了半年多的時間，王成積攢了二十多兩銀子，心裡寬慰許多，把這隻鵪鶉看得跟自己的性命一樣重要。

當時有位大親王喜好鬥鶉，每逢上元節，總會讓養鶉的人到官邸裡比試。剛好上元節快到了，店主便對王成說：「發財的機會來了，就看你的運氣如何。」店主把大親王與百姓鬥鶉的事說給王成聽，並親自帶著他去大親王府。

他囑咐王成：「如果鬥敗了，自認倒楣，出來便是；倘若有萬分之一的機會贏了，親王一定會想要買你的鶉，你可不要馬上答應。如果他強迫你賣，你就注意看我的眼色，等我點頭了你才能賣。」王成點頭稱是。

到了親王府邸，只見許多來鬥鶉的人擠在臺階下。不一會兒，王爺現身，他的侍衛宣告：「想要鬥鶉的上前來。」有個人隨即捉著鶉上去，親王示意放鶉，兩隻鶉才纏鬥了一下子，那人的鶉就敗下陣來，令王爺開懷暢笑。

沒多久，已經好幾位參賽者都被親王的鶉打敗了。店主對王成說：「我們可以上場了。」

親王瞧了瞧王成的鶉說：「這隻眼有殺氣，不好對付，不可輕敵。」他命令左右手挑「鐵喙」那隻來鬥，才幾回合，鐵喙已大敗；換了幾隻良鶉，也遭到同樣的下場。

親王急了，命人取來宮中的玉鶉，那玉鶉一身白羽毛宛如鷺鷥，英姿勃發。

王成怕了，跪下請求停戰：「大王的鶉是神物，若傷了我的鶉，就等於砸了我的飯碗。」

親王笑說：「放心吧，如果你的鶉被鬥死了，我會重重有賞的。」王成只好再放出自己的鶉應戰。

玉鶉見王成的鶉出籠，直接奔向前去，而王成的鶉則像怒雞般伏身等待。玉鶉出招時，王成的鶉像鶴一樣騰空反擊；兩鶉互相進退攻防，纏鬥近一個時辰之久。後來玉鶉漸漸力衰，而王成的鶉則愈鬥愈勇，最後玉鶉身上的羽毛像雪花般片片脫落，垂著翅膀逃走了。

一旁觀戰的有上千人，大家無不讚嘆，感到羨慕。

親王親手捉起王成的鶉，從頭到腳細看了一遍，然後問王成：「肯不肯割愛賣給我？」

王成回說：「小的沒有任何恆產，只有這隻鶉相依為命，不能輕易賣掉呀。」

親王說：「賞你個好價錢，使你擁有中產人士的財富，這樣你就可以賣了吧？」

王成沉思半晌，說：「我本不願賣，既然王爺看上牠，又能使小的吃穿無虞，我怎麼不願意？」

親王要他出個價，他說得要一千兩銀子。王爺笑說：「傻子！這是什麼寶物可以價值千兩？」

王成說：「大王不把牠當成寶，我可認為牠價值連城呀。」

親王追問原因，王成繼續說：「我帶牠到街上鬥，每天贏得數兩銀錢，就可換得一家十幾口人的溫飽，還有什麼寶物能跟牠比？」

王爺聽了之後就說：「我也不虧待你，就算二百兩吧。」王成搖了搖頭。

親王又加碼了一百兩，王成看看店主，見他面無表情，就說：「承蒙王爺看得起，願減一百兩讓售。」

親王見他不肯多讓，悻悻然地說：「算了算了！誰肯花九百兩買一隻鶉啊。」王成隨即要把鶉收起帶走。

親王突然喊了聲：「你來你來！我最多出六百兩，你同意就賣，不同意就罷了。」

王成又看了看店主，他依然不為所動。王成卻已沉不住氣，擔心再拒絕就失去良機，於是對親王說：「這個價實在不能滿意，但不賣又覺得對王爺不好交代。不得已，只好依您說的價錢吧。」

王爺開心不已，命人將六百銀兩付給他。

王成拿到銀子後便向王爺告辭，走出了親王府。店主在路上叨念：「我是怎麼跟你說的？別急著賣，只要再堅持一下，八百兩絕對不成問題的。」回到店裡，王成把銀子全倒在桌上，讓店主人自己拿，店主推辭。王成一定要給，店主勉強收下了他的食宿費。

王成終於收拾行李回到家，對家人交代了整個來龍去脈，與大家一同慶祝。老太太叫他買了三百畝良田，將屋子修繕打理了一番，搖身一變像是個世家。

老太太日日早起，督促王成夫婦管理農耕、織布事宜，只要稍有懈怠，便加以訓斥，兩人不敢有半句怨言。

三年之後，家中更加富裕，老太太突然說要離開了。王成夫婦哭著挽留她，她答應了，但第二天天亮時，已不見蹤影。

善用談判技巧，以靜制動

這個故事有點長，實在不怎麼「聊齋」，反而蘊含了經商之道。

首先，做生意之前必須先做市調。

創業並非一窩蜂跟進就會賺錢，看看過去蛋撻、甜甜圈、手搖飲、夾娃娃機的例子……幾乎都是搶搭風潮列車，想大賺一票，結果因為過於氾濫而草草收場。

如果不能搶在商機之先，只是看別人做什麼好賺就爭相仿效，很可能變成最後上車的白老鼠。

當王成發現賣布的時機已經晚了，又犯下另一個錯誤，那就是不甘心。他發現無利可圖時不懂得當機立斷，結果讓損失如雪球一般愈滾愈大。如果他在還沒賠錢的時候就出清存貨，或許還能拿回本金，但因為放不下沉沒成本，造成大虧。

我有位朋友曾經跟人合股開牛肉麵店，光是裝潢就投入近千萬。剛開幕時，風光一時，很多陸客前來光顧，業績不俗。後來政策大轉彎再加上受到疫情影響，根本入不敷出。但是他們選擇苦撐，希望撐到疫情結束。沒想到疫情兩年後仍持續下去，就算努力轉型做宅配生意，業績依舊不見起色，最後只能關門大吉。而裝潢一毛錢也拿不回來，全部打了水漂。

這其中有很多不可控的因素，但其實可以採取當機立斷的行動，而不是苟延殘喘。如果現在回頭檢討，相信朋友應該會後悔沒早點把店收起來，至少可以少賠一些。

王成具有生意頭腦，懂得從市井中尋找商機，但在商場上奮鬥，有時還是要憑一點運氣。他的運氣實在背，不但錢被偷了，還做什麼倒什麼。只是後面的情節急轉直下，簡直像是中了樂透一樣。

如果他沒擁有那隻神勇的鵪鶉，或許也是走投無路，只能認栽。說到商業談判，他確實犯了過於急躁的毛病，而急功近利確實是做生意的大忌。

明知買家鐵定想買、財力雄厚，怎麼會這麼快就停止喊價？當然，如果你不在意賺多賺少，只求有賺就好，這也不是太差的選擇；若想追求獲利最大化，心急的那一方，注定是輸家。因為心急就容易被對方看穿弱點，讓他知道你的意志不堅，可能妥協接受。

在這個故事裡，誰比較心急？其實是親王。他急著想買，也有非買到不可的企圖心，而且還非常有錢，言談中透露出「我就是要買到」的訊息，顯然客棧老闆比較了解個中玄機。

王成大可好整以暇地跟親王斡旋，只要他堅持下去，別說八百兩，就算九百兩都可能成交。

我想起一位朋友買房子的經驗，當時屋主開價兩千兩百萬，但朋友踩死一千九百五十萬的底線，他知道對方有急售房子的壓力，剛好又探聽到隔壁那棟樓曾有人非自然死亡，便以此為由，持續跟對方折衝。後來對方步步退讓，最終果真成交了。

在詭譎多變的商場中談判，要學會以靜制動。別讓一窩蜂與不甘心成為生意失敗的罪魁禍首。想要做好生意的人，或許可以從這個故事中學到不少東西。

3

從危機裡尋找商機：日常生活是生財之道

〈酒友〉

〔原文〕

車生者，家不中資而耽飲，夜非浮三白不能寢也，以故床頭樽常不空。一夜睡醒，轉側間，似有人共臥者，意是覆裳墮耳。摸之，則茸茸有物，似貓而巨；燭之，狐也，酣醉而大臥。視其瓶，則空矣。因笑曰：「此我酒友也。」不忍驚，覆衣加臂，與之共寢。留燭以觀其變。半夜狐欠伸，生笑曰：「美哉睡乎！」啟覆視之，儒冠之俊人也。起拜榻前，謝不殺之恩。生曰：「我癖於麴糵，而人以為癡；卿，我鮑叔也。如不見疑，當為糟丘之良友。」曳登榻，復寢。且言：「卿可常臨，無相猜。」狐諾之。生既醒，則狐已去。乃治旨酒一盛專伺狐。

抵夕果至，促膝歡飲。狐量豪善諧，於是恨相得晚。狐曰：「屢叨良醖，何以報德？」生曰：「斗酒之歡，何置齒頰！」狐曰：「雖然，君貧士，杖頭錢大不易。當為君少謀酒資。」明夕，來告曰：「去此東南七里，道側有遺金，可早取之。」詰旦而往，果得二金，乃市佳餚，以佐夜飲。狐又告曰：「院後有窖藏，宜發之。」如其言，果得錢百餘千。喜曰：「囊中已自有，莫漫愁沽矣。」狐曰：「不然，轍中水胡可以久掬？合更謀之。」異日，謂生曰：「市上蕎價廉，此奇貨可居。」從之，收蕎四十餘石。人咸非笑之。未幾，大旱，禾豆盡枯，惟蕎可種；售種，息十倍。由此益富，治沃田二百畝。但問狐，多種麥則麥收，多種黍則黍收，一切種植之早晚，皆取決於狐。日稔密，呼生妻以嫂，視子猶子焉。後生卒，狐遂不復來。

有位姓車的書生，家境不佳，但是十分貪杯，每晚非喝三大杯無法入眠，所以床頭的酒壺常常裝滿了酒。

有天晚上他睡到一半突然醒來，翻身時感覺身旁似乎多了一個人。他以為是壓到蓋在身上的衣服，伸手一摸，竟是個毛茸茸的東西，好像是貓，卻又比貓大了些。

他起身拿起燭火一照，原來是一隻狐狸，而且還是一隻喝得爛醉睡死的狐狸。再看看桌上的酒瓶，已經空空如也。不禁笑說：「這倒是一位酒友啊。」

書生不忍心驚動狐狸，為牠蓋了一件衣服，還摟著牠一起睡，然後留了一盞燭火，靜觀其變。

到了半夜，狐狸伸著懶腰，打了個呵欠。

車書生笑說：「睡得可真香啊！」掀開被子一看，竟是個模樣俊秀的年輕人。這人起身站在床前拱手作揖，向書生謝過不殺之恩。

書生說：「我很愛喝酒，大家都把我當酒癡。你算是我的知己，如果不見外的話，我們可以做個酒伴。」說完，又把年輕人拉上床繼續睡，還說：「你可以常常來，不必擔心。」

狐狸應允了。

等到書生再次醒來，狐狸已經離去。

第二天他特別準備了一壺好酒，就是要等著狐狸再來。天黑之後，狐狸果然來了，兩人一起開心地對飲起來。狐狸的酒量很好，幽默風趣，彼此頗有相見恨晚的感覺。

狐狸說：「老是來叨擾，喝你的佳釀，不知該如何回報才好？」

書生說：「只是一點小酒，何足掛齒，不必在意。」

狐狸說：「話雖如此，你也不是很富有。買酒並不容易，我得為你想辦法弄點酒錢。」

隔天晚上，狐狸說：「離這裡東南方七里的路邊有些銀子，你可以明早去取。」

第二天一大早，書生前去，果然尋得二兩銀子，就買了好菜，夜裡下酒。之後狐狸又告訴他：「後院裡有個地窖，你可以去挖。」書生挖了之後，果然發現很多貫錢，開心地說：「現在有錢了，可以不愁沒錢買酒了。」

狐狸說：「非也非也，就像水窪裡的水舀不了多久一樣，這些錢也用不了幾天，還是應該籌劃一下。」

又過了幾天，狐狸告訴書生：「現在市面上蕎麥的價格很便宜，可以多買一些囤起來，等它上漲。」書生聽從建議，一口氣買了四十石蕎麥，大家都笑他是傻瓜。

不久，發生旱災，稻秧、豆子全都枯死了，只有蕎麥能種。書生的蕎麥一下子銷售一空，淨賺了十倍的獲利，因此發了大財，買下兩百畝的良田。之後，只要狐狸告訴種什麼，他就種什麼，結果都能豐收。所有農作物種植的先後順序，全是狐狸說了算。

從此，他們倆的關係更加緊密。連書生的妻子，狐狸都稱呼為嫂子，對待書生的兒子就像自己親生的一般。

但是，後來書生死了，狐狸也就不再去他家了。

懶惰是投資的致命傷：理財最好自己來

乍看之下，這是個狐狸報恩的故事，在《聊齋志異》裡出現很多次。

但是這篇文章有些值得探討的地方，適用於理財投資的觀念。

狐狸或許有未卜先知的能力，可以預知投資什麼就會發財，但在現實生活中，可千萬不要冒這樣的風險。

你還記得有多少親朋好友曾找過你投資、報明牌、拉保險、做直銷、當會腳……？他們找你的時候口若懸河，說得天花亂墜，一副錯失了這個機會，肯定終生遺憾的模樣。事後證實，只要你加入他們的行列，確實會遺憾終生，能夠獲利的人恐怕如鳳毛麟角。

投資這件事，如果自己不努力，只想聽從別人的建議，失敗的機率遠超乎想像。因為別人告訴你的，很可能是二手傳播或是大多數人都知道的資訊，當你跳進去自投羅網時剛好被當成韭菜收割。親朋好友尚且如此，更何況是陌生人呢？

我在出版《打造被動收入流：幫自己加薪的49個富思維》這本書時，臉書上出現不少以我的名字開設的假帳號，以免費贈書為由，吸引受害者上鉤。這些人要不是想騙網友加入群組，進行假投資真詐財，要不就是獲取個資，進行科技犯罪。就算呼籲再多次，還是有人說自己被騙了，向我訴苦。

我很好奇的是，我跟臉友們素昧平生，怎麼會有人在不認識我本人的狀況下，去相信一個追蹤者只有個位數的假粉專發出的訊息，甚至把錢匯出，究竟勇氣從何而來？

從科學的角度來分析，狐狸的預測並非無跡可循。如果投資者夠敏銳，往往可以在某些理財投資上洞燭機先，例如全球的氣候、戰亂、疫情、經濟起伏……都會牽動相關產業的脈動。而你只要願意深入研究，就可以像狐狸一般做出精準的預測，而不是像大多數的人一樣，只能後知後覺、臨渴掘井。

其實日常生活裡，處處是可投資的賺錢之道。有人在世紀疫情之初，嗅到某些衛生器材、藥品奇貨可居，便買進相關類股，後來生技製藥類股果然大漲一波。有人在超市採買時順便觀察什麼樣的商品熱賣，就買他們家的股票，也是獲利豐碩。這些其實都不難，只看你能不能審時度勢，走在他人前面一步而已。

我想強調的是，就算你再偷懶，也有合乎需求的安全理財方式，但絕不是把錢直接交到他人的手中（就算親人也不行）。如果金錢因此有去無回，也怨不得別人。

4

以其人之道，還治其人之身：決策之前，先問自己合不合理

〈九山王〉

〔原文〕

曹州李姓者，邑諸生。家素饒。而居宅故不甚廣；舍後有園數畝，荒置之。一日，有叟來稅屋，出直百金。李以無屋為辭。叟曰：「請受之，但無煩慮。」李不喻其意，姑受之，以覘其異。越日，村人見輿馬眷口入李家，紛紛甚夥，共疑李第無安頓所，問之。李殊不自知，歸而察之，並無蹟響。過數日，叟忽來謁。且云：「庇宇下已數晨夕。事事都草創，起爐作灶，未暇一修客子禮。今遣小女輩作黍，幸一垂顧。」李從之。則入園中，欻見舍宇華好，嶄然一新。入室，陳設芳麗。酒鼎沸於廊下，茶煙裊於廚中。俄而行酒薦饌，備極甘旨。時見庭下少年人往來甚眾。又聞兒女喁喁，幕中作笑語聲。家人婢僕，似有數十百口。李心知其狐。

席終而歸，陰懷殺心。每入市，市硝硫，積數百斤，暗布園中殆滿。

驟火之，燄亙霄漢，如黑靈芝，燔臭灰眯不可近；但聞嗚啼嗥動之聲，嘈雜聒耳。既熄，入視。則死狐滿地，焦頭爛額者，不可勝計。方閱視間，叟自外來，顏色慘慟，責李曰：「夙無嫌怨；荒園歲報百金，非少；何忍遂相族滅？此奇慘之仇，無不報者！」忿然而去。疑其擲礫為殃，而年餘無少怪異。時順治初年，山中群盜竊發，嘯聚萬餘人，官莫能捕。生以家口多，日憂離亂。適村中來一星者，自號「南山翁」，言人休咎，了若目睹，名大譟。李召至家，求推甲子。翁愕然起敬，曰：「此真主也！」李聞大駭，以為妄。翁正容固言之。李疑信半焉，乃曰：「豈有白手受命而帝者乎？」翁謂：「不然。自古帝王，類多起於匹夫，誰是生而天子者？」生惑之，前席而請。

翁毅然以「臥龍」自任。請先備甲冑數千具、弓弩數千事。李慮人莫之歸。翁曰：「臣請為大王連諸山，深相結。使嘩言者謂大王真天子，山中士卒，宜必響應。」李喜，遣翁行。發藏鏹，造甲冑。翁數日始還，曰：「借大王威福，加臣三寸舌，諸山莫不願執鞭靮，從戟下。」浹旬之間，果歸命者數千人。於是拜翁為軍師；建大纛，設彩幟若林；據山立柵，聲勢震動。邑令率兵來討，翁指揮群寇大破之。令懼，告急於兗。兗兵遠涉而至，翁又伏寇進擊，兵大潰，將士殺傷者甚眾。勢益震，黨以萬計，因自立為「九山王」。翁患馬少，會都中解馬赴江南，遣一旅要路篡取之。由是「九山王」之名大噪。加翁為「護國大將軍」。高臥山巢，公然自負，以為黃袍之加，指日可俟矣。東撫以奪馬故，方將進勦；又得兗報，乃發精兵數千，與六道合圍而進。軍旅旌旗，彌滿山谷。

「九山王」大懼，召翁謀之，則不知所往。「九山王」窘急無術，登山而望曰：「今而知朝廷之勢大矣！」山破被擒，妻孥戮之。始悟翁即老狐，蓋以族滅報李也。

曹州有位姓李的秀才，家境富裕。他所住的房子不算大，後面有座廢棄的庭院，約數畝地。

某天，一位老先生想來租屋，出價一百兩黃金。李秀才說沒房子可租，予以婉拒。

老人說：「你就收下吧！請放心，我們不會給你添麻煩的。」

李秀才不明白老人的意圖，於是打算先收下錢，再來看看後續的發展。

幾天後，村裡的人看到有車馬及一大家子的人搬進了李家，覺得他的家根本容不下這麼多人，紛紛詢問是怎麼回事？

他回家察看一番，並沒有發現任何人煙。

過了幾天，老先生突然出現，說：「我們已經住進來好多天了，但是百事待舉，非常繁忙，未能盡到房客該有的禮節。今天我的女兒們做了些飯菜，希望您能賞光。」

李秀才應允了。他來到後院，驚見一棟宏偉壯麗的嶄新豪宅出現在眼前。

走進屋內，他發現布置華麗，廊下煮酒飄香，廚房炊煙裊裊。才一會兒，美酒佳餚就送上桌來，可口無比。

他看到屋子裡許多年輕人來回走動，又聽見孩子的輕聲笑語，家人和奴僕似乎有幾十到百人之多。

李秀才心知這些人都是狐狸，吃完酒宴回到家，竟然起了殺戮之心。此後，他每次去市場就買些芒硝硫磺，前後累積了幾百斤，悄悄裝滿整個後院，然後放了一把火……火勢直衝雲霄，黑煙像極一朵大靈芝，焦臭的灰燼讓人難以靠近，火海裡也傳出一陣陣痛苦的哀嚎。

等到火勢熄滅後一看，遍地都是狐狸焦屍，數目之多，不可勝數。

老先生恰好從外面回來，看到此情此景，一臉悲憤地說：「你我無冤無仇，這麼一個荒廢的後院，我給你一年百金的房租並不算少，你怎麼這麼殘忍，滅了我的家族？這個慘絕人寰的仇恨，我非報不可！」說完，就忿恨離去。

李秀才以為狐狸會丟瓦礫作怪，沒想到一年多過去了，都沒有任何怪異情事出現。

當時是順治初年，山裡聚集了盜匪約萬餘人，連官兵也捉拿不下。李秀才因家丁眾多，擔心遭逢離散之亂。此時村裡來了一位自稱「南山翁」的算命仙，鐵口直斷；他的預言就像親眼看到一樣準，因而聲名遠播。

李秀才將他請至家中，算算自己的流年。

沒想到一見面，南山翁就一臉驚駭地說：「你可是未來的天子啊！」

李秀才嚇了一跳，覺得他根本是胡言亂語。

南山翁很認真地一再堅稱絕對無誤，李秀才半信半疑地說：「哪有人平白無故接了天命就變成皇帝的？」

南山翁說：「未必呀！自古以來，很多開國皇帝都起於草莽之間，他們也不是一出生就是天子的。」

李秀才上前請教，算命仙就以諸葛亮自居，請他準備好弓箭、盔甲，當作武器。

李秀才擔心沒人願意歸附自己，南山翁說：「我願替你結交各路綠林好漢，說服他們，你就是真命天子。這些草莽英雄一定會前來響應的。」

李秀才心中大喜，請南山翁即刻出發，也著手製造弓箭、鎧甲。幾天後，南山翁果然帶回好消息：「憑藉大王的威信與福氣，以及我的三寸不爛之舌，這些英雄沒有不願參與盛舉的。」沒多久，就召集了數千名勇士。

於是李秀才拜南山翁做軍師，設立軍旗，建立山寨，稱霸一方。

縣令決定率兵討伐，南山翁指揮眾人，大敗前來聲討的官兵，縣令感到十分恐懼，只好求救於兗州的兵力。

兗州軍隊在遠征途中中了南山翁設下的埋伏，因而潰散。李秀才聲勢更加高漲，來依附的黨羽數以萬計，因此自立為「九山王」。

南山翁擔心馬匹不足，得知朝廷有一批馬正要運往江南，就派遣一支勁旅在途中攔擊竊奪，九山王因此聲名遠播，而他也加封南山翁為「護國大將軍」。

李秀才自以為黃袍加身是指日可待的事，不料，山東巡撫因為官馬被奪，又聽到兗州兵敗，於是徵調精兵數千人，並與六個郡縣的軍隊分進合擊。

官兵的旌旗滿山滿谷都是，九山王大為驚懼，急召南山翁商討因應之策，南山翁卻不知到哪裡去了。

眼見束手無策，他登高一呼，說：「我現在才知道朝廷的勢力有多大。」

山寨被攻破，李秀才被俘虜，下場是滿門抄斬。

此時秀才才領悟到，原來南山翁就是那隻老狐狸，這一切都是他為了報滅門之仇而設下的圈套。

引誘人心的不是別人，是你自己

如果把這個故事當成一個復仇雪恨的警世寓言，未免有點可惜。

最近朋友推薦了一部中國的電影，片名是《孤注一擲》，很寫實地詳述了現今社會常見的詐騙手法，就是利用高薪來引誘年輕人到海外工作。

這群年輕人被騙到專門從事詐騙的封閉園區裡，限制行動，從此斷絕與外界的聯繫，直到業績達標才能離開（往往永遠無法離開）。

如果想逃離的人，下場可能就是被殘酷地施暴，不是傷殘，就是喪命。劇中提到詐騙集團會分析受害人的興趣、喜好及上網習慣，用迎合受害人的方式來勾引他們上鉤；讓他們一步步地掉進預設的陷阱中，最後無法自拔，把所有積蓄都奉送給詐騙集團，血本無歸。

這種血淋淋的例子，每天都在我們的四周上演。雖然網路和新聞臺不斷報導，政府也極力宣導反詐騙的資訊，但因為人性的貪婪，加上詐騙手法不斷推陳出新，始終無法有效阻絕犯罪的發生。

凡事先問自己：到底合不合理？

如果連自己都懷疑，卻偏要掉進陷阱，請問要怪誰呢？所謂的合理，是你不會覺得天上無緣無故就會掉下黃金來；如果你覺得路上隨便就能撿到一百萬元，那麼你的思路完全不具邏輯性，被騙很正常。

我們再回頭看看這個故事，狐狸的復仇固然言之成理（被人滅了一族的性命，任誰都想報這個不共戴天之仇），但這個復仇的手段，不就跟詐騙集團慣用的手法有幾分相似？

認真說起來，引誘人的從來不是別人，而是自己。別人的話術再高明、說得再精采動人，都是經過你的大腦轉化之後，才能真正發揮效用；如果你把那些話都當作垃圾訊息，不予理會，就沒有人能把你給騙倒。

我每次去銀行辦事情，理財專員就開始拿出一堆商品資料來遊說我買單，而我總是不失禮地虛應一番。其實我的腦中都會想：如果產品這麼好，你自己應該多買一些。你們銀行有這麼多員工，每個人買好買滿，業績就達標了。你們自己的口袋賺飽飽就好，何必分享給客人呢？

因為這樣，我少踩了很多不必要的雷。

不管是貪婪還是不甘心，都是大腦在作祟。而你的大腦往往就是讓自己掉進陷阱的推手。

如果不是你替那些說詞畫色添彩、建構美麗的想像，對方再舌粲蓮花也是枉然。

如果你知道自己的腦波弱，請你多思考五分鐘，問問身邊的親人和朋友，至少讓身旁的人有幫你把關的機會，而不是一意孤行，上了賊船。

當然，如果你身旁的人腦波都跟你一樣弱，那麼神仙也救不了你。

這個故事裡的狐狸先讓李秀才嘗到甜頭，就跟詐騙集團的套路如出一轍。為了取信於你，他們可能會讓你享受到蠅頭小利。偷雞也要先蝕把米呀，這樣的道理古代就有，經過了幾百年，人還是學不會教訓。所以，要不要成為九山王？由你自己決定。

5

身懷絕技走江湖的女醫：人氣是假象，別被「從眾效應」迷惑

〈口技〉

〔原文〕

村中來一女子，年二十有四五。攜一藥囊，售其醫。有問病者，女不能自為方，俟暮夜問諸神。晚潔斗室，閉置其中。眾繞門窗，傾耳寂聽；但竊竊語，莫敢欬。內外動息俱冥。至夜許，忽聞簾聲。女在內曰：「九姑來耶？」一女子答云：「來矣。」又曰：「臘梅從九姑耶？」似一婢答云：「來矣。」三人絮語間雜，刺刺不休。俄聞簾鉤復動，女曰：「六姑至矣。」亂言曰：「春梅亦抱小郎子來耶？」一女曰：「拗哥子！嗚嗚不睡，定要從娘子來。身如百鈞重，負累煞人！」旋聞女子殷勤聲，九姑問訊聲，六姑寒暄聲，二婢慰勞聲，小兒喜笑聲，一齊嘈雜。即聞女子笑曰：「小郎君亦大好耍，遠迢迢抱貓兒來。」既而聲漸疏，簾又響，滿室俱嘩，曰：「四姑來何遲也？」有一小女子細聲答曰：「路有千里且溢，與阿姑走爾許時始至。阿姑行且緩。」遂各各道溫涼聲，並移坐聲，喚添坐聲，參差並作，喧繁滿室，食頃始定。即聞女子問病。九姑以為宜得參，六姑以為宜得芪，四姑以為宜得朮。參酌移時，即聞九姑喚筆硯。無何，折紙戢戢然，拔筆擲帽丁丁然，磨墨隆隆然；既而投筆觸几，震震作響，便聞撮藥包裹蘇蘇然。頃之，女子推簾，呼病者授藥並方。反身入室，即聞三姑作別，三婢作別，小兒啞啞，貓兒唔唔，又一時並起。九姑之聲清以越，六姑之聲緩以蒼，四姑之聲嬌以婉，以及三婢之聲，各有態響，聽之了了可辨。群訝以為真神。而試其方，亦不甚效。此即所謂口技，特借之以售其術耳。然亦奇矣！

昔王心逸嘗言：在都偶過市廛，聞絃歌聲，觀者如堵。近窺之，則見一少年曼聲度曲。並無樂器，惟以一指捺頰際，且捺且謳；聽之鏗鏗，與絃索無異。亦口技之苗裔也。

村子裡來了一位年輕女子，年紀大概二十四、五歲。她攜帶著一只藥袋，以替人治病、賣藥維生。

有村人來請她醫病，這位女子說自己不能隨便開藥方，要等到天黑以後向諸神請示才行。

到了晚上，她把住宿的小房間打掃得乾乾淨淨，然後將自己關在裡面。村人們圍在房門外面，豎起耳朵仔細聆聽，不敢大聲喧譁，而門裡幾乎聽不到半點動靜。

當夜更深時，忽然聽見房間裡有人掀開簾子的聲音。

女醫者在裡面問：「是九姑來了嗎？」另一個女人回答：「是我來了！」

女醫又問：「臘梅跟著九姑一起來了嗎？」另一個像婢女的聲音回說：「有，我來了。」然後，這三個女人叨叨絮絮，說個不停。

一會兒，又傳出一陣簾鉤拉動的聲響，女醫說：「是六姑來了。」旁邊的人說：「春梅也抱著小公子來了嗎？」一個女子說：「這孩子鬧脾氣，哄也哄不睡，一定要跟著六姑來。身子骨又重，背著他真是累死人了！」然後就聽到女醫殷勤招呼、九姑的問候、六姑的客套話、兩位婢女彼此慰問、小孩子的嬉笑，此起彼落，異常熱鬧。

那位女醫笑著說：「小公子也太愛玩了，這麼遠還抱著貓來。」此時聲音慢慢變小，拉動簾子的聲音又響起，房間裡又是一陣喧譁。

女醫問：「四姑為何這麼晚才來？」

女子小聲地說：「路途遙遠又泥濘，我和四姑走了好幾個時辰才到，而且四姑走得又慢。」然後又是一陣寒暄問候，換座位、添椅子……一屋子喧囂，好一陣子才終於安靜下來。

這時房間外的人聽到女子開始向眾神討教治病的藥方。九姑認為應該用人參，六姑覺得必須用黃耆，四姑的意見是用白朮。

她們商量了片刻，只聽見九姑叫人拿紙筆來，不一會兒，摺紙聲、執筆聲叮叮作響，磨墨聲也十分清晰。寫好藥方之後，只聽見筆重重放到桌子上，包藥聲窸窸窣窣。

隨後女醫拉開簾子，叫喚病人領取藥包和處方，馬上又轉身回到房間裡。接著就聽到三位姑姑告別、三個婢女辭別，小孩子咿咿呀呀、小貓喵喵叫，輪番響起。

九姑的聲音清脆響亮，六姑的聲音緩慢蒼老，四姑的聲音嬌柔婉轉，而那三名婢女的聲音也各有特色，站在房外就能夠清楚分辨。

村人們都以為是神仙來會診，開了藥方。但生病的人回去使用女醫提供的藥方，感覺不出什麼效果。後來大家才明白，女醫其實是在表演口技，根本沒有什麼神仙。她只不過是藉這項技藝來兜售罷了，真是令人大開眼界呀。

商業世界裡的西洋鏡

如果你以為古代的人民智未開，才會輕易被耍口技的人所騙，那就太高估現代人的智慧了。類似這樣的手法到了現在，還是常常看得到。

我記得小時候跟大人們去逛夜市，常會有些跑江湖、賣膏藥或藥酒的人在推銷，口才之便給，已經到了出神入化的境界。什麼藥到了他們嘴裡，都能成為治百病的仙丹，天花亂墜的程度堪稱是一場精采的脫口秀。圍觀者眾，真正購買的人不多。

雖然他們不像這名女醫一人分飾多角，但會安插自己人在觀眾群裡，假意詢問藥要怎麼吃或是故意討價還價，然後告訴旁人上次買來吃，具有奇效，這次還要再買。

他們言之鑿鑿，吸引了旁人上前詢問或購買。

這其實是商人的慣用商業手段，就是營造有人購買的假象。只要第一個人購買，接著就會有人陸續跟進。

後來我發現這樣的伎倆被廣泛運用，不管是市場裡賣衣服、賣水果，還是賣菜刀的小販，或是一些所謂的排隊名店，都會達到熱絡場面的效果。

某種程度而言，這也是一種「破窗效應」。它指的是一種犯罪心理：只要一間廢棄的屋子有扇窗被砸破了，很快地，其他的窗戶都會被砸；或是只要有處被人丟了垃圾，沒多久就會變成一座垃圾山。

我聽過一個例子：有個人在大樓前抬頭望向高處，結果很快地就有第二、第三人跟著抬頭，最後變成一群人一起抬頭望向天空，卻不明所以。雖然大家一窩蜂跟著做，但是第一個抬頭的人早已離開，默默欣賞這齣鬧劇。

這就是「從眾效應」。

從眾效應有什麼惡果，相信你已經聽過很多論述了，但就算再怎麼提醒，人們還是會犯同樣的失誤，明知山有虎，偏向虎山行。

商業模型利用人性的弱點縱橫古今中外，就是知道這一招絕對有效，屢試不爽。

你曾經盲目買下多少閒置不用還占空間的物品？我想，家家戶戶應該都有一堆無用的戰利品吧？只因為看到人家買了，自己不買好像怪怪的。即使後悔過無數次，下次依然繼續購買，商業社會能夠繁榮昌盛，真要多虧了人類的這種天性。

根據一項調查顯示：美國人平均每個月花在衝動性消費的金額是

三百一十四美金，將近臺幣一萬元。

如果你是做生意的人，當然不能不善用這項人性弱點。尤其當你販售的商品不是剛需品，就要營造出讓人衝動性購買的氛圍。近來許多公仔玩偶的盲盒在市場上大行其道，很多人都是看到身邊的朋友買了，覺得不能落於人後而入手；尤其只要打上限量名號，感覺價值直接翻倍，自然能讓消費者心癢難耐。

如果想要搶食這塊大餅，就必須好好學習這一課。

6

閻羅王的職務代理人：能夠派上用場的才是人脈

〈李伯言〉

〔原文〕

李生伯言，沂水人，抗直有肝膽。忽暴病，家人進藥，卻之曰：「吾病非藥餌可療。陰司閻羅缺，欲吾暫攝其篆耳。死勿埋我，宜待之。」是日果死。

騶從導去，入一宮殿，進冕服，隸胥祗候甚肅。案上簿書叢沓。一宗，江南某，稽生平所私良家女八十二人。鞫之，佐證不誣，按冥律宜炮烙。堂下有銅柱，高八九尺，圍可一抱，空其中而熾炭焉，表裏通赤。群鬼以鐵蒺藜撻驅使登，手移足盤而上。甫至頂，則煙氣飛騰，崩然一響如爆竹，人乃墮；團伏移時，始復蘇。又撻之，爆墮如前。三墮，則匝地如煙而散，不復能成形矣。

又一起，為同邑王某，被婢父訟盜占生女。王即生姻家。先是一人賣婢，王知其所來非道，而利其直廉，遂購之。至是王暴卒。越日，其友周生遇於途，知為鬼，奔避齋中。王亦從入。周懼而祝，問所欲為。王曰：「煩作見證於冥司耳。」驚問：「何事？」曰：「余婢實價購之，今被誤控。此事君親見之，惟借季路一言，無他說也。」周固拒之。王出曰：「恐不由君耳。」未幾，周果死，同赴閻羅質審。李見王，隱存左袒意。忽見殿上火生，燄燒梁棟。李大駭，側足立。吏急進曰：「陰曹不與人世等，一念之私不可容。急消他念，則火自熄。」李斂神寂慮，火頓滅。已而鞫狀，王與婢父反復相苦。問周，周以實對。王以故犯論笞。笞訖，遣人俱送回生，周與王皆三日而甦。

李視事畢，輿馬而返。中途見闕頭斷足者數百輩，伏地哀鳴。停車研詰，則異鄉之鬼，思踐故土，恐關隘阻隔，乞求路引。李曰：「余攝任三日，已解任矣，何能為力？」眾曰：「南村胡生，將建道場，代囑可致。」李諾之。至家，騶從都去，李乃甦。

胡生字水心，與李善，聞李再生，便詣探省。李遽問：「清醮何時？」胡訝曰：「兵燹之後，妻孥瓦全，向與室人作此願心，未向一人道也。何知之？」李具以告。胡歎曰：「閨房一語，遂播幽冥，可懼哉！」乃敬諾而去。次日，如王所，王猶憊臥。見李，肅然起敬，申謝佑庇。李曰：「法律不能寬假。今幸無恙乎？」王云：「已無他症，但笞瘡膿潰耳。」又二十餘日始痊，臀肉腐落，瘢痕如杖者。

有位書生李伯言是沂水人，為人耿直、有膽識。某天他突然生了重病，家人給他吃藥，他卻不肯吃，還說：「我的病不是藥物所能治好的，地府裡因為閻羅王職位懸缺，要我暫時去代理職務。死後不要將我埋葬，我會復生回來，暫且等著。」話才說完，當天他就死了。

李伯言死後，有位騎馬的陰間使者帶領他進入一座宮殿之中，有人拿了官服讓他換上，他手下的書吏們都嚴肅地列隊立在兩旁。

他看見公案上堆積了厚厚的一疊卷宗，便即刻開始審案。

第一件被告是江南人氏，經查此人一生共姦淫良家婦女八十二人。把他提來審問，事證明確。按陰曹律法，應受炮烙之刑。

只見大堂之下豎著一根銅柱，有八、九尺高，剛好一人環抱的大小。柱子是中空的，裡面燒著炭，外表燒得火紅。一群獄卒們用鐵鍊條抽打著罪人，要他登上銅柱，命那人手腳並用，往上攀爬。剛爬到柱頂，一陣熱煙飛騰，轟然一聲宛如爆竹巨響。只見那人從頂端摔落地上，蜷曲成一團，好一會兒才甦醒過來。

獄卒再次鞭打，逼他再爬上柱，爬到頂又摔下來。到了第三次，那人一墜地就化成煙霧四散，再也沒有了形體。

另一個案子，被告是李伯言的同鄉王某，奴婢的父親告他強占親生女兒為婢，而這個王某恰巧是李伯言的親家公。

事情是這樣的，有個人要賣奴婢，王某明知奴婢來路不明，只因價格便宜，就買了下來。沒多久，王某就暴斃身亡。

隔了一天，王某的朋友周某竟然在路上看到他，以為是遇到鬼了，嚇得連忙躲回自己的書房，王某也尾隨進去。

周某驚恐萬分，不斷合十祈禱，問他要做什麼？

王某說：「想麻煩你到地府裡幫我作證。」

周生害怕地問：「是為了什麼事？」

王某說：「我家裡的那位奴婢，明明是我出錢從別人那裡買的，現在被奴婢的父親控告是強奪而來的。這件事是你親眼所見，只有請你幫忙說明，沒有其他的辦法。」

周生堅決不肯，王某走出書房，說：「這可由不得你了。」

不久之後，周生真的死了，只得一同去閻羅王的殿上受審。

李伯言一見被告是親家，心裡不禁生了偏袒的念頭。這個念頭才剛升起，大殿上突然冒出火苗，梁柱都燒了起來。

李伯言大驚，急忙起身側立。

一位書吏趕緊跟他說：「陰間和陽世不同，不容有絲毫偏頗循私，請趕快打消念頭，火就會自己熄滅了。」

李伯言聽了，連忙正襟危坐，火光即刻消失，便繼續審理案情。

王某與婢女的父親爭執不下，李伯言便審問周生，周生詳述了經過。李伯言認定王某明知故犯，應受笞刑；刑畢，派人送他們回到陽間。

周生與王某都在三天後活了過來。

李伯言審完案子，坐車返家。途中，他看見一群缺頭斷腳的冤鬼，有好幾百人，都跪在地上哀號哭泣。他下令停車細問緣故，原來是一些客死異鄉的孤魂野鬼，想回故里卻又怕沿途關隘阻隔，所以跪求閻王給個路引，讓他們能順利歸鄉。

李伯言說：「我只代理三天職務，現在已經結束了，也不知要如何幫你們啊。」

野鬼說：「南村的胡生將要建道場，請您替我們去拜託他，這事就能解決。」

李伯言一口答應了。回到家之後，隨從們都離開，他也就醒了過來。

這位姓胡的先生，字水心，跟李伯言有好交情。他聽說李伯言死而復生，馬上趕來探望，李伯言趁機問他：「你什麼時候要建道場？」

胡生一臉驚訝：「戰亂之後，我的妻子、兒女們僥倖保全了性命，我才跟妻子談起這個心願，並沒有跟任何人說過，你怎麼會知道此事？」

李伯言詳細告知野鬼們的請求。

胡生不禁感嘆：「沒想到臥室裡講的話，竟能傳到陰曹地府去，實在可怕啊！」就恭敬地答應了。

第二天，李伯言到親家王某的家裡探視，王某疲憊地臥床休養著，看見李伯言前來，肅然起敬，不斷感謝他庇護了自己。

李伯言說：「陰地府裡不得徇私，我也只能做到這樣。你現在好些了嗎？」

王某說：「沒什麼大問題，就是挨打的地方生了膿瘡。」

又過了二十多天，王某總算痊癒，屁股上的爛皮都脫落了，只留下一片像是被杖打的疤痕。

別以為認識的人多，就一定好辦事

你可能會好奇：這個故事跟商業之道有何關係？

我想說的是商業行為的人脈學。

人脈重不重要？非常重要。但人脈可不可以隨便用？答案是絕對不行。

無法互惠的人際關係是無效人脈，好的人脈是你們彼此之間有互利互惠的交流；只有你把自己的價值提升了，人脈才會靠向你，讓你在需要的時候得到一臂之力。

在這個故事中的人脈關係，一個是王某與周生，另一個是李伯言與王某。當王某請求周生幫忙作證時，周生因為害怕而拒絕了。如果拉到現實世界裡，你會覺得周生不夠朋友，還是他明哲保身？明明兩人有好交情，為什麼不肯出面幫朋友作證？這還是得審時度勢才行。

站在周生的立場，王某都已經死了，還能給他什麼對價的好處？而他為了要幫朋友作證，必須暫時犧牲性命去一趟地府。

如果是你，你願意嗎？

想要經營人脈卻無法互惠，注定是會失敗的。

李伯言與王某身在同一個處境之中，此時要考慮的還是日後的互動關係。兩人是親家，這層關係很難斷絕，否則李伯言應該不可能如此判決。畢竟算是自家人，哪有胳膊往外彎的道理。但就算鐵面無私，還是看得出他的內心掙扎，也難怪兩人一回到陽間，李伯言就立刻去探視親家公。

很多人對於人脈抱持著不切實際的想法，認為只要透過層層介紹，就能夠建立良好的關係。就算僥倖成功一次，但這也絕對不是你的人脈，而是對方賣了好朋友一個人情。如果你不能提供等值回饋或超值的貢獻，這樣的僥倖也只會有一次。這並不是現實，而是你還沒有弄清楚人脈的本質。

有的人整天把「我認識誰誰誰」掛在嘴邊，顯示自己很有辦法。但當你真的有事要請託他時，他就立刻搬出一堆藉口來推託。

認識跟和人脈是兩回事，認識的人就可以當作人脈嗎？因為工作與長年寫作的緣故，我也認識很多人，其中當然不乏知名人士，但我從來不敢說他們是我的人脈。

有時朋友跟我說：「你不是認識那個誰嗎？能不能請他幫我……」我都直接回說：「我跟他真的不熟，這個忙我無法幫。」

你要我去求人，等於是拿我的人情去做交換；這世界的錢債好還，人情債難償。不管我有沒有能力償還，都不想賤賣人情。

你的問題不在我的刀口上，我怎能任意被消費呢？

最好的人脈，是自己搭建起來的第一手交情，而不是透過二手、三手、甚至多手的串接，那是薄弱而不可靠的。萬一哪個鏈接點突然熔斷，你的人脈也就全然瓦解了。

只是認識，真的不叫做人脈；能在你需要協助時伸出一臂之力的，才是人脈。但先決條件是，你也必須在別人提出要求時有求必應。

希望我這麼說沒有摧毀大家的信心。人脈禁不禁得起考驗，很可能不是隨便試得出來的。此外，在經營人脈之前，請你先努力成為別人的人脈；請相信，真正的人脈會不請自來。

7

落漆的連珠箭：成功學無法複製

〈老饕〉

〔原文〕

邢德，澤州人，綠林之傑也。能挽強弩，發連矢，稱一時絕技。而生平落拓，不利營謀，出門輒虧其資。兩京大賈，往往喜與邢俱，途中恃以無恐。

會冬初，有二三估客，薄假以資，邀同販鬻；邢復自罄其囊，將並居貨。有友善卜，因詣之。友占曰：「此爻為『悔』，所操之業，即不母而子亦有損焉。」邢不樂，欲中止，而諸客強速之行。至都，果符所占。

臘將半，匹馬出都門。自念新歲無資，倍益快悶。時晨霧濛濛，暫趨臨路店，解裝覓飲。見一頒白叟，共兩少年，酌北牖下。一僮侍，黃髮蓬蓬然。邢於南座，對叟休止。僮行觴，誤翻柈具，污叟衣。少年怒，立摘其耳。捧巾持帨，代叟揩拭。既見僮手拇俱有鐵箭鐶，厚半寸；每一鐶，約重二兩餘。食已，叟命少年，於革囊中探出鎰物，堆纍几上，稱秤握算，可飲數杯時，始緘裹完好。少年於櫪中牽一黑跛騾來，扶叟乘之；僮亦跨羸馬相從，出門去。兩少年各腰弓矢，捉馬俱出。

邢窺多金，窮睛旁睨，饞焰若炙。輟飲，急尾之。視叟與僮猶款段於前，乃下道斜馳出叟前，緊銜關弓，怒相向。叟俯脫左足靴，微笑云：「而不識得老饕也？」邢滿引一矢去。叟仰臥鞍上，伸其足，開兩指如箝，夾矢住。笑曰：「技但止此，何須而翁手敵？」邢怒，出其絕技，一矢剛發，後矢繼至。叟手掇一，似未防其連珠；後矢直貫其口，踣然而墮，銜矢僵眠。僮亦下。邢喜，謂其已斃，近臨之。叟吐矢躍起，鼓掌曰：「初會面，何便作此惡劇？」邢大驚，馬亦駭逸。以此知叟異，不敢復返。

走三四十里，值方面綱紀，囊物赴都；要取之，略可千金，意氣始得揚。方疾騖間，聞後有蹄聲；回首，則僮易跛騾來，駛若飛。叱曰：「男子勿行！獵取之貨，宜少瓜分。」邢曰：「汝識『連珠箭邢某』否？」僮云：「適已承教矣。」邢以僮貌不揚，又無弓矢，易之。一發三矢，連不斷，如群隼飛翔。僮殊不忙迫，手接二，口銜一。笑曰：「如此技藝，辱寞煞人！乃翁傯遽，未暇尋得弓來；此物亦無用處，請即擲還。」遂於指上脫鐵鐶，穿矢其中，以手力擲，嗚嗚風鳴。邢急撥以弓，弦適觸鐵鐶，鏗然斷絕，弓亦綻裂。邢驚絕。未及覷避，矢過貫耳，不覺翻墜。僮下騎，便將搜括。邢以弓臥撻之。僮奪弓去，拗折為兩，又折為四，拋置之。已，乃一手握邢兩臂，一足踏邢兩股；臂若縛，股若壓，極力不能少動。腰中束帶雙疊，可駢三指許；僮以一手捏之，隨手斷如灰燼。取金已，乃超乘，作一舉手，致聲「孟浪」，霍然逕去。

邢歸，卒為善士。每向人述往事不諱。此與劉東山事蓋彷彿焉。

邢德，澤州人，是個綠林好漢。他善於射箭，能拉動強弓，連發好幾枝箭，這是項為人稱頌的絕技。但他空有一身本領，生活卻相當落魄，不懂得做生意之道，做什麼都虧損連連。

兩京的大商人很喜歡找他一起出門做買賣，因為有他同行，就不怕盜匪攔路搶劫。

某年初冬，幾位客商主動借給邢德一小筆錢，邀他一起做生意，他自己也貼了身上所有積蓄來買貨。

邢德有個朋友會占卜之術，所以他請朋友幫忙卜個卦，看看接下來運勢如何。

朋友卜完卦後一看，說：「這一卦叫做悔，這次買賣即使不賠本，也賺不了什麼錢。」

邢德聽了，心裡很不是滋味，就想要打退堂鼓，不做這筆買賣了。但是借錢給他的大商人卻硬要拉他一起加入，一行人就匆匆忙忙地出發了。

到達都城後，果然就跟他朋友卜的卦所說一樣。

臘月快過去一半，邢德獨自一人騎著馬出城門，一想到要過年了卻沒賺到錢，心情更加鬱悶。當時一陣大霧籠罩，他只好先到路邊的小酒店歇歇腿，解下裝備，喝點小酒澆愁。

這時，在酒館北邊的窗下，有位白髮皤皤的老人跟兩個年輕人正在喝酒，桌旁還站著一頭亂髮的侍僮。

刑德向老人敬了一杯酒，侍僮正要幫老人斟酒，卻不慎打翻了酒杯，把老人的衣服給弄髒了。其中一位年輕人立刻勃然大怒，扯著小僮的耳朵責備；小僮趕緊拿了毛巾，幫老人擦拭酒漬。

這時刑德注意到小僮雙手拇指上戴著鐵箭環，這指環厚半寸，每個大概有二兩多重。

吃飽喝足後，老人請少年從皮袋裡取出銀兩，堆在桌上，用秤稱出酒菜費用，再把剩下的銀兩收回袋中，準備離開。

年輕人從馬廄裡牽出一匹跛腳的黑騾子，扶老人騎上騾子，而小僮則跨上另一匹瘦馬，跟隨著出了酒棧，接著兩位年輕人才各自揹上弓箭，騎馬離去。

邢德見他們身上帶了那麼多銀子，眼睛緊盯著，捨不得眨一下，最後連酒也顧不得喝了，立刻尾隨他們而去。

他看老人和童子還在前方不遠，抄近路趕到了他們前面停下，拉滿了弓瞄準老人，只見老人不疾不徐地彎下身子，脫去左腳上的靴子，微笑地對邢德說：「你不認識我嗎？」

邢德哪管他是誰，說時遲那時快，就射出了一箭。沒想到老人直接仰臥鞍上，伸出一隻腳，張開兩根腳趾，就將他射來的箭給緊緊夾住。

老人帶著嘲笑的口吻對邢德說：「就憑你這雕蟲小技，哪裡需要你爺爺我動手收拾？」

邢德怒不可遏，準備拿出看家本領，一箭接著一箭連發。

老人用手抓住一枝箭，沒有留意到緊接而來的第二枝箭，第二枝箭穿過老人的嘴，讓他整個人從騾背上摔了下來，小僮也趕緊下馬查看。

邢德心中竊喜，以為老人必定一命嗚呼了，逕自向老人走去。

走到老人旁邊，沒想到老人竟然將箭一吐，一躍而起，拍著手說：

「我們才第一次見面，你為何下這樣的毒手？」

邢德大吃一驚，他的馬也受到驚嚇，奔竄逃逸。

邢德這才意識到這位老人不是個簡單的人物，不敢再有非分之想，轉頭離去。

就這樣，走了三、四十里路，剛巧遇上官府的車隊正將財物運送入京。他以武力奪走了一批銀兩，粗估上千兩，這才出了一口悶氣，得意不已。

當他還在匆忙趕路，身後卻傳來馬蹄聲，回頭一看，竟是那名小僮換騎了老人的那頭跛腳的騾子飛奔而來。

小僮邊追邊喊：「快快停下馬車，搶來的銀子得分一些出來。」

邢德說：「你可聽說過『連珠箭邢某人』嗎？」

小僮說：「剛才已經領教過了。」

他見小僮形貌無過人之處，身上又沒佩帶弓箭，完全不把他放在眼裡；提起弓一口氣連射了三箭，就像一群鳥飛出去。

只見小僮從容不迫地用雙手各接一枝箭，嘴巴也啣了一箭，笑說：「就這點本事還敢說嘴。要不是倉促趕來，沒帶上我的弓箭，這些箭我拿著也沒什麼用，就都還給你吧。」說完，就把手指上的鐵環取下，將箭穿在其中，然後用力擲出，只聽得一陣嗚嗚聲響。

邢德連忙用弓來擋，不料鐵環正好碰上弓弦，弦竟應聲而斷，弓身也隨之裂開。這下子邢德完全驚呆了！非但如此，箭還穿耳而過，他閃避不及，整個人從馬上墜落。

小僮跳下騾子要來搶銀子，躺在地上的邢德想用弓打他，小僮一把將弓奪過去，一折為二，再對折成四段，丟到一邊。然後，小僮一手抓住邢德的雙臂，一腳踩住邢德的雙腿，讓他幾乎動彈不得。而他那條厚實的腰帶對折厚達三指，小僮才用一手就捏個粉碎。待搜刮完他盜來的銀子，馬上躍上騾子，舉手說了聲「得罪了」，轉身奔馳而去。

邢德回家後，跟其他人講述了這個奇特的經歷，從此脾氣變得和善許多，也不敢再自恃武藝高強而瞧不起別人。

別讓自己死在過去的榮光裡

商場上有個不變的定律，就是必須不斷與時俱進。如果你想將過去的成功模式不斷地複製貼上，以為可以一招走萬世千秋，最後可能會死在過去的成功裡。

為什麼很多過去的股王最後會成為雞蛋水餃股，甚至下市？常常是因為沒有意識到環境已經發生了變化，或是雖然嗅到變化，卻自大地以為自己依然呼風喚雨、難以撼動，所以不願轉型改變。這樣的老大心態阻礙了進步，因而被潮流淘汰，成為時代的眼淚。

類似的例子太多了，不勝枚舉。而故事裡的刑德不是沒有本領的人，但他太高估自己，忘記人外有人、天外有天的道理。

有位朋友告訴我，他認識一位曾風光一時的老闆，在事業最輝煌的時候，年營業額破億，後來卻每況愈下。除了同質性的產品不斷推出，讓他的公司失去市場獨占性的優勢，更糟糕的是那位老闆一直沒有跟上新興媒體的更迭腳步，還在用老式的方法銷售商品。

二十多年前流行以電話行銷的方式銷售，那位老闆找來一群電話兵團，以 call 客的方式販賣商品，確實有很好的成效。但這些年來，隨著手機普及化，很多人家裡已經不再安裝市內電話。詐騙電話氾濫之後，很多人一接到陌生來電都直接掛掉，根本不讓行銷人員有多說一句話的機會。

這讓電話行銷的成效年年下滑，而一場世紀大疫情，也徹底改變了人們的消費行為，線上購物早已取代了其他購物管道。

即便疫情過去，人們也無法再回到從前的消費行為了。

這些轉變讓這家公司的業績萎縮，不到全盛時期的一成，只剩下死忠老客戶撐場面。

那位老闆的老派作風，令我的朋友搖頭不已。

現在都已經是自媒體當道的時代了，他的思想竟然還活在上古恐龍時代，用傳統的方法行銷產品。

老闆說，這個電話部隊跟了他二十多年，已建立革命情感，他不想資遣他們。

真是個仁慈的好老闆，但也因此讓公司的前景渺茫，看不到未來。

新科技的汰換率太快，很多產業可能才剛剛崛起就變成了明日黃花，這是血淋淋的現實。

以前總覺得「日新月異」這個成語有點誇張，現在則是完全貼合真實現況。

別以為自己在學校學到的知識與技能能夠保證你一輩子衣食無憂，很可能幾年之後就已不敷使用，甚至毫無用武之地。除了不斷地學習、精進自己，別無他法。

就連現在最熱門的ＡＩ產業，也很可能在一夕之間產生翻天覆地的革命。

今年春節期間，中國發布了更便宜的ＡＩ訓練模型DeepSeek，竟讓輝達（NVIDIA）的股價一天之內崩跌13%，之前看好的投資人紛紛棄逃拋售，也讓科技股市場一片哀鴻遍野。

情況真的有那麼悲觀嗎？可能有，但這也可能是個轉機。

如果不是站在巨人的肩膀上，我們可能無法走得快。相對地，如果你不繼續進步，現在的領先也只會變成別人的肩膀。所以，只要你懷有危機意識，還在努力轉型，就有重新來過、破繭而出的機會。

隨著科技一日千里，未來的人類將會活在不能沒有科技的世界裡，沒有一個產業能夠在原地踏步還能生存下去。你看到的百年老店很可能只剩下傳統的食品或製造業，而愈是沒有包袱的產業才能更輕盈地轉身，面臨轉型時也不會困難重重。

重點是，你不能依靠過去經驗的思考，成功的模式也將愈來愈無法被複製。

已成氣候的企業，雖有巨獸的優勢，同時也有巨獸的笨重；時代的巨輪就像是一把操縱演化的大刀，一旦揮砍下來，馬上能決定哪些企業是適者生存，那些是不適者淘汰。如果只安於做某一階段的恐龍，沉湎於高光時刻之中，很可能有一天會走上滅絕的下場。

8

未雨綢繆勝過臨渴掘井：時間是創造複利的利器

〈宮夢弼〉

〔原文〕

柳芳華，保定人。財雄一鄉，慷慨好客，座上常百人。急人之急，千金不靳。賓友假貸常不還。惟一客宮夢弼，陝人，生平無所乞請。每至，輒經歲。詞旨清灑，柳與寢處時最多。柳子名和，時總角，叔之。宮亦喜與和戲。每和自塾歸，輒與發貼地磚，埋石子偽作埋金為笑。屋五架，掘藏幾遍。眾笑其行稚，而和獨悅愛之，尤較諸客昵。後十餘年，家漸虛，不能供多客之求，於是客漸稀；然十數人徹宵談宴，猶是常也。年既暮，日益落，尚割畝得直，以備雞黍。和亦揮霍，學父結小友，柳不之禁。無何，柳病卒，至無以治凶具。宮乃自出囊金，為柳經紀。和益德之。事無大小，悉委宮叔。宮時自外入，必袖瓦礫，至室則拋擲暗陬，更不解其何意。和每對宮憂貧。宮曰：「子不知作苦之難。無論無金，即授汝千金，可立盡也。男子患不自立，何患貧？」一日，辭欲歸。和泣囑速返，宮諾之，遂去。和貧不自給，典質漸空。日望宮至，以為經理，而宮滅跡匿影，去如黃鶴矣。

先是，柳生時，為和論親於無極黃氏，素封也。後聞柳貧，陰有悔心。柳卒，訃告之，即亦不弔；猶以道遠曲原之。和服除，母遣自詣岳所，定婚期，冀黃憐顧。比至，黃聞其衣履穿敝，斥門者不納。寄語云：「歸謀百金，可復來；不然，請自此絕。」和聞言痛哭。對門劉媼，憐而進之食，贈錢三百，慰令歸。母亦哀憤無策。因念舊客負欠者十常八九，俾擇富貴者求助焉。和曰：「昔之交我者為我財耳，使兒駟馬高車，假千金，亦即匪難；如此景象，誰猶念曩恩、憶故好耶？且父與人金資，曾無契保，責負亦難憑也。」母故強之，和從教，凡二十餘日，不能致一文；惟優人李四，舊受恩卹，聞其事，義贈一金。母子痛哭，自此絕望矣。

黃女已及笄，聞父絕和，竊不直之。黃欲女別適。女泣曰：「柳郎非生而貧者也。使富倍他日，豈仇我者所能奪乎？今貧而棄之，不仁！」黃不悅，曲諭百端，女終不搖。翁嫗並怒，旦夕唾罵之，女亦安焉。無何，夜遭寇劫，黃夫婦炮烙幾死，家中席捲一空。荏苒三載，家益零替。有西賈聞女美，願以五十金致聘。黃利而許之，將強奪其志。女察知其謀，毀裝塗面，乘夜遁去，丐食於途。閱兩月，始達保定，訪和居址，直造其家。母以為乞人婦，故咄之。女嗚咽自陳。母把手泣曰：「兒何形骸至此耶！」女又慘然而告以故。母子俱哭。便為盥沐，顏色光澤，眉目煥映。母子俱喜。然家三口，日僅一啖。母泣曰：「吾母子固應爾；所憐者，負吾賢婦！」女笑慰之曰：「新婦在乞人中，稔其況味，今日視之，覺有天堂地獄之別。」母為解頤。

女一日入閒舍中，見斷草叢叢無隙地，漸入內室，塵埃積中，暗陬有物堆積，蹴之迕足，拾視皆朱提。驚走告和，和同往驗視，則宮往日所拋瓦礫，盡為白金。因念兒時常與瘗石室中，得毋皆金？而故地已典於東家，急贖歸。斷磚殘缺，所藏石子儼然露焉，頗覺失望；及發他磚，則燦燦皆白鏹也。頃刻間，數巨萬矣。由是贖田產，市奴僕，門庭華好過昔日。因自奮曰：「若不自立，負我宮叔！」刻志下帷，三年中鄉選。

乃躬齎白金，往酬劉媪。鮮衣射目，僕十餘輩，皆騎怒馬如龍。媪僅一屋，和便坐榻上。人嘩馬騰，充溢里巷。黃翁自女失亡，西賈逼退聘財，業已耗去殆半，售居宅始得償，以故困窘如和曩日。聞舊婿烜耀，閉戶自傷而已。媪沽酒備饌款和，因述女賢，且惜女遁。問和娶否。和曰：「娶矣。」食已，強媪往視新婦，載與俱歸。至家，女華妝出，群婢簇擁若仙。相見大駭，遂敘往舊，殷問父母起居。居數日，款洽優厚，製好衣，上下一新，始送令返。

媪詣黃許報女耗，兼致存問，夫婦大驚。媪勸往投女，黃有難色。既而凍餒難堪，不得已如保定。既到門，見閈閎峻麗，閽人怒目張，終日不得通。一婦人出，黃溫色卑詞，告以姓氏，求暗達女知。少間，婦出，導入耳舍，曰：「娘子極欲一覲，然恐郎君知，尚候隙也。翁幾時來此？得毋饑否？」黃因訴所苦。婦人以酒一盛、饌二簋，出置黃前。又贈五金，曰：「郎君宴房中，娘子恐不得來。明旦宜早去，勿為郎聞。」黃諾之。

早起趣裝，則管鑰未啟，止於門中，坐袱囊以待。忽嘩主人出，黃將斂避，和已睹之，怪問誰何，家人悉無以應。和怒曰：「是必奸宄！可執赴有司。」眾應聲出，短綆繃繫樹間，黃慚懼不知置詞。未幾，昨夕婦出，跪曰：「是某舅氏。以前夕來晚，故未告主人。」和命釋縛。

婦送出門，曰：「忘囑門者，遂致參差。娘子言：相思時，可使老夫人偽為賣花者，同劉媼來。」黃諾，歸述於嫗。嫗念女若渴，以告劉媼，媼果與俱至和家。凡啟十餘關，始達女所。女著帔頂髻，珠翠綺紈，散香氣撲人；嚶嚀一聲，大小婢媼奔入滿側，移金椅床，置雙夾膝。慧婢瀹茗；各以隱語道寒暄，相視淚熒。至晚，除室安二媼，裀褥溫軟，並昔年富時所未經。

居三五日，女意殷渥。媼輒引空處，泣白前非。女曰：「我子母有何過不忘？但郎忿不解，妨他聞也。」每和至，便走匿。一日，方促膝坐，和遽入，見之，怒詬曰：「何物村嫗，敢引身與娘子接坐！宜撮鬢毛令盡！」劉媼急進曰：「此老身瓜葛，王嫂賣花者，幸勿罪責。」和乃上手謝過。即坐曰：「姥來數日，我大忙，未得展敘。黃家老畜產尚在否？」笑云：「都佳，但是貧不可過。官人大富貴，何不一念翁婿情也？」和擊桌曰：「曩年非姥憐賜一甌粥，更何得旋鄉土！今欲得而寢處之，何念焉！」言至忿際，輒頓足起罵。女恚曰：「彼即不仁，是我父母。我迢迢遠來，手皴瘃，足趾皆穿，亦自謂無負郎君；何乃對子罵父，使人難堪？」和始斂怒，起身去。黃嫗愧喪無色，辭欲歸。女以二十金私付之。既歸，曠絕音問，女深以為念。和乃遣人招之。夫妻至，慚怍無以自容。和謝曰：「舊歲辱臨，又不明告，遂使開罪良多。」黃但唯唯。和為更易衣履。留月餘，黃心終不自安，數告歸。和遺白金百兩，曰：「西賈五十金，我今倍之。」黃汗顏受之。和以輿馬送還，暮歲稱小豐焉。

柳芳華是河北保定人，富甲一方。他為人慷慨，又喜好結交朋友，因此家裡經常高朋滿座，動輒上百名賓客聚集一堂。此外，他非常樂於助人，每當朋友有困難需錢孔急時，就算開口千金也來者不拒。即便有些人常借了錢沒還，他也不會主動索討。

在眾多朋友中，只有一個陝西人叫宮夢弼，從未向他企求過什麼。宮先生每回到柳家一住就是一年之久，說起話來清雅灑脫，柳芳華與他相處的時間最長，兩人聊得十分投機。

柳芳華的兒子柳和，年約八歲，他管宮夢弼叫叔叔，宮先生特別喜歡跟這孩子玩耍。

柳和每天放學回來，宮夢弼便跟他一起玩把地磚掀起來，然後往地下埋石子的遊戲。他們把這些石子假裝成金子，家裡五棟房子的地磚下，幾乎都埋遍了石子。很多客人取笑宮先生的行為幼稚，他卻不以為意。柳和對待他也比對其他客人親暱得多。

十幾年過去，柳家漸漸沒落，再也無法滿足眾多客人的要求。世態炎涼，柳家的賓客漸漸稀少。雖然如此，仍有十幾個人經常在此徹夜談天說地。

到了晚年，柳芳華的家境更加衰頹，他還是賣田賣地來招待客人，不願虧待他們。

柳和漸漸長大了，也學父親的待客之道，出手闊綽，但柳芳華並未反對。

後來柳芳華病逝了，竟然沒有錢辦後事，宮夢弼便拿出自己的錢為柳家料理治喪事宜。柳和對他更加感激，家中之事，無論大小，都託付給他打理。

宮夢弼每次從外面回來都會帶回一些瓦礫，把它們丟在房子的黑暗角落，沒人知道有什麼用意。

柳和常對宮夢弼抱怨家貧，生活難過。宮夢弼就對他說：「你根本不知道什麼是苦日子，不要說是沒錢，就算給你一千兩銀子，大概也很快就花光了。男孩子只怕不能自立，貧窮有何可懼？」

一天，宮夢弼說應該回自己的老家看看了。柳和哭著拜託他早點回來，他答應後就離去了。

柳和不事生產，只等著坐吃山空，家裡值錢的東西幾乎都變賣完了。他天天盼望著宮夢弼回來，但宮先生卻像人間蒸發一般，音訊全無。

當年柳和出生時，柳家家道興盛，柳父幫兒子說了一門鄰縣黃家的親事。

後來黃家聽說柳家家道中落，便暗生悔婚之心。柳父去世時，黃家推託說路途遙遠，不方便前來弔唁。

柳和服滿孝期後，柳母叫他親自去黃家商訂婚期，希望黃家能顧及昔日情分，給予一些照顧。但當柳和來到黃家，竟然讓他吃了閉門羹，並要看門的人轉告他：「回去籌到一百兩銀子再來，不然從此斷絕往來。」

柳和一聽，不禁傷心痛哭。

黃家對門的一位劉老太太看他可憐，留他吃了飯，還送給他三百銅錢，好讓他順利回家。

柳和的母親聽到黃家翻臉無情，悲憤莫名，但也無可奈何。想起過去他們借出許多錢都沒有人還，柳母便叫兒子到一些比較富有的友人家求助。

柳和說：「過去他們是看在柳家有錢的分上才與我們交往，現在我如果還有華麗的大馬車可坐，去借一千兩銀子也不是難事。如今我們這副窮酸模樣，誰還會念及昔日情誼呢？況且當年父親借人錢財，從來沒有立下契約或找過保人，就算現在要討回舊債也沒有憑據啊。」柳母還是要他試一試，柳和只好順從。

跑了二十幾天，沒要到半毛錢，只有一個當年受過恩惠的戲子李四，聽聞柳家境遇後送來一兩銀子。母子兩人不禁抱頭痛哭，從此對這個炎涼世態的世界感到絕望。

黃家女兒這時已成年，她聽說父親因為柳家窮困就拒絕求親，頗不以為然。

黃父想要為女兒另謀婚事，她哭著說：「柳和也不是生下來就貧窮的，假如他家現在比過去還要富有，那你們還會把我許配給別人嗎？今天只因他家裡窮就背棄他，這是不仁不義呀！」

黃父聽了極為不悅，好說歹說，女兒始終不為所動。

雖然父母氣得半死，早晚叨念不停，黃女依然故我。

某天夜裡，黃家遭盜匪闖入搶劫，黃氏夫婦差點丟了老命，家中的財物全被席捲一空，變得一貧如洗。三年過去，窘境一點也沒見改善。

有個西縣商人聽說黃家女兒生得標緻，願意出五十兩銀子當作聘金迎娶。黃父為了貪圖這些錢，竟然一口答應，硬是要讓女兒嫁作商人婦。

女兒察覺到父親的意圖，不肯順從，於是換裝易容，連夜逃出了家裡。

這位少女離家出走，身無分文，只能沿路乞討；歷經了兩個月徒步遠行，終於到達保定，多方打探之下才找到柳家。

柳母一見到她，還以為是哪裡來的乞丐婆子，想把她趕走。

黃女哭著訴說原委，柳母聽了，牽起黃女的手，說：「可憐的孩子啊，難為妳了，怎麼瘦成這副模樣！」

聽黃女說完來龍去脈，柳和母子又是一陣痛哭。

柳母幫黃女好好梳洗打理一番，看到她回復肌膚白嫩明亮、眉清目秀的模樣，全家都非常高興。

因為家貧，一家三口每天都只能吃一餐飯度日，柳母悲從中來地說：「我和柳和命該如此就罷了，可憐的是，無端連累了我的好媳婦。」

黃女笑著安慰柳母：「我離家乞討時，什麼苦都嘗遍了。現在的日子跟當時相比，已經是天堂跟地獄之別。」

柳母聽了以後才轉憂為喜。

有一天，黃女進到一間空屋裡，見院子長滿了雜草，再走進室內，裡面積滿了塵埃，髒亂不堪。某個暗角裡堆著一些東西，她走近拿起來一看，竟是白花花的銀子。大驚之餘，趕緊跑去告訴柳和。

柳和也一同來查看，發現這些東西本來是宮夢弼當年從外面揀回來的瓦礫，現在居然變成了銀子。

柳和想起小時候，宮先生常跟他一起玩在地板下埋石子的遊戲，難不成當年埋的那些石頭，如今都變成了銀子？但老家早已典當給別人了，只得趕緊把房子贖回來。

只見舊宅的地磚已殘破缺損，當年埋的石子有不少露了出來，柳和不免面露失望之色。但當柳和掀開其他地磚，發現石子都變成了閃閃發光的銀子。

一夕之間，他成了一個大富翁。

於是他們贖回田產，買了奴僕，盛況比父親在世時還強。他發下豪語說：「我要是不能奮發自立，就對不起宮叔叔！」

柳和從此認真苦讀，三年後，中了舉人。他第一個要感謝的就是當年幫助過他的劉老太太，於是打算親自登門酬謝。

柳和身穿華服，跟著十幾個奴僕騎著駿馬，浩浩蕩蕩地來到劉家。老太太住在一間簡樸的房子，柳和只能坐在床榻上。外面人馬雜沓、人聲鼎沸，街頭巷尾都聽得到。

黃家自從女兒離家出走後，西縣商人逼他們必須退還聘金，但禮金早已花掉了大半，不得已之下，只好賣房子還債，眼下他們窮得和昔日的柳和家一樣。

他們聽說柳和重返富貴的消息，自覺無顏相見，只能躲在家裡黯然神傷。

劉老太太買了酒菜款待柳和，極力稱讚黃家女兒的賢慧，只是不知她逃到什麼地方去了，深感惋惜。

老太太問柳和，娶媳婦了嗎？柳和說，已經成親了。

吃完飯，柳和請老太太去他家看看他的妻子，老太太便跟著他一起乘車回家。一進家門，黃女打扮亮麗，由一群丫鬟簇擁著出來見客。

劉老太太見到柳和的嬌妻正是黃家女兒，真是又驚又喜。兩人熱絡地敘舊，黃女頻頻詢問父母近況。

老太太在柳家住了幾天，受到尊榮的款待，柳家也為她做了上好的新衣後才將她送回家。

老太太回去後便到黃家說了緣故，好讓他們寬慰。

黃氏夫婦驚訝不已，老太太力勸他們去投靠女兒女婿。他們想歸想，但一想到當年曾羞辱柳家，就覺得難為情。

但黃家兩老的生活實在貧困，走投無路，也顧不得顏面。在不得已之下，黃父還是動身前往保定。

到了柳家門口，只見大門氣派非凡，守門人一臉嚴峻地怒視著他，一整天也不肯進去通報。

他看到一位婦人從走出來，便低聲下氣地求她進去通知女兒一聲。

過了一會兒，婦人出來，帶著他進到偏房，說：「我家娘子很想見您一面，但又怕夫婿知道，得等個機會才行。您什麼時候到的？肚子餓不餓？」黃父講出了自己的苦處。

婦人奉上一壺酒、兩盤菜讓黃父享用，又給了他五兩銀子，說：「老爺在房內擺酒宴客，娘子恐怕抽不了身。明天一大早您就離去，別讓老爺知道。」黃父應允。

第二天一早，黃父就來到門口，大門卻還未開，只好坐在包袱上等著。

突然一陣喧譁，說老爺要出門了，黃父急忙迴避，但柳和已經發現他，問道這是何人，沒有一個奴僕知道。

柳和很生氣地說：「一定是盜賊，快來人把他捉拿到官府去問罪。」僕人應聲而上，用繩子將黃父綁在樹上，黃父害怕得說不出半句話來。沒多久，昨天那名婦人才走出來，跪著說：「這位是我舅舅，因為昨天到得晚，所以未能稟報老爺。」柳和便叫人放了他。

婦人送黃父出門時，說：「都怪我昨天忘了叮囑守門的，才出了這種疏失。我家娘子說，如果兩老想她，可以讓老夫人假扮成賣花人，跟劉老太太一同來這裡相見。」

黃父回家後，把經過告訴了夫人。黃母思念女兒的心與日俱增，於是去找劉老太太商量，老太太就陪著黃母一同來到了柳家。經過了十幾道關卡，才來到女兒住的房間。

女兒一身華服首飾，貴氣逼人，輕聲細語地吩咐一聲，老少僕婦就立馬上前伺候；搬椅子的搬椅子，泡茶的泡茶，絲毫不敢怠慢。

兩人只敢以暗語互相問候，淚眼相對。

到了晚上，兩位老太太被安排在另一個房間，被褥溫暖柔軟，即使當年黃家還富裕時也沒有這般享受。

黃母在柳家住了數日，女兒盡心款待。

黃母常常在四下無人時，向女兒懺悔認錯。女兒說：「我們母女間哪有什麼仇恨可言，只是我夫婿的氣至今未消，不能讓他知道。」所以每當柳和一來，黃母就趕快躲避。

某天，兩人剛促膝而坐，冷不防柳和突然推門進來，見狀十分生氣地說：「這是哪來的鄉下婆子，竟敢和我娘子坐在一起，該把頭髮全扯下來！」

劉老太太急忙上解釋說：「這是我的親戚，賣花的王嫂，請莫責怪。」

柳和向劉老太太道歉：「您來好幾天了，都怪我太忙，沒能跟您好好敘舊。黃家那對老畜牲還活著嗎？」

劉老太太笑著說：「都好，只是日子過得太清苦了。如今您如此富貴，何不稍念一下翁婿之情？」

柳和拍著桌子，說：「當年若不是您可憐我，給我一碗粥喝，我連家都回不來。現在恨不得剝了他們的皮，還顧念什麼翁婿之情。」說到氣憤處，不禁跺腳大罵。

黃女也動怒了，說道：「他們再怎麼不仁不義，依然是我的父母。我當年千里迢迢來到你家，手凍僵了，腳也磨破了，自問沒有對不起你的地方。你為何還要當著我的面罵我的父母，讓人難堪呢？」

柳和這才收起怒容走開。

黃母聽了這席話，羞愧得無地自容，馬上起身要回去，女兒悄悄地塞給了她二十兩銀子。

黃母回家之後，黃家便沒有了音訊。

黃女對父母的思念愈來愈深。柳和終於放下恩怨，派人把岳父岳母接到家中。

兩老到了柳家，羞慚到無地自容，柳和道歉，說：「去年你們來時，沒有明白告知，我多有得罪之處，請你們原諒。」

黃父只敢小聲陪笑稱是。

柳和幫兩老置換新衣新鞋，又留他們下來住了一個多月。

黃父始終無法安心自在，幾度說要回家去；柳和送給他們一百兩銀子，說：「那西縣商人給你們五十兩銀子，我今天加倍奉上。」黃父滿臉愧色地接受了。

柳和遣馬車將兩老送回去。這年年末，黃家的生活終於稍微寬裕了。

人生無常，理財愈早開始愈好

這個故事反應了富裕時的滿漢全席，比不上潦倒時的一碗熱粥。

商場是個很現實的環境，別人會願意跟你往來，通常是你有相當的實力（財力）與可利用的價值；如果這兩個條件消失，很快就會嘗到人走茶涼的滋味。

這並沒有對錯之分，因為大家做生意不是來交朋友，而是廣結能幫自己的事業加分的人脈。如果意識到這個人已經無法提供任何助益，自然就會把時間和心力花在其他更值得的人身上。

從門庭若市、高朋滿座，到門前冷落車馬稀，其實是商場上常見的景象。你很難指望今天設宴款待一群有錢人，等到哪天自己一文不名時，人家還會把你列為座上賓。

商場上的朋友翻臉往往比翻書快，而商場上的交往也有其好處，就是大家公事公辦，一切按規矩來。如果你要金援別人，借據絕對是必須的，別怕傷感情。

很多人為了顧及面子和情分，常常不寫借據，因此討不回錢。

我有位朋友天性四海，只要有人跟他調頭寸，他幾乎都願意幫忙。早些年他做生意賺大錢，借出的錢如流水，也不在乎；後來生意遇上了困境，換他需錢孔急，想跟朋友借錢周轉，沒想到被要求簽借據。

他非常感慨，這些要他立據的人當年都拿過他的好處，有的甚至沒還他錢，現在請他們幫忙卻要看盡臉色，好像深怕他還不出來。

後來他的困境解決了，不但把欠款還掉，還加付利息，但他永遠記得這些人的嘴臉，之後就保持距離。

其他人這樣做並沒有錯，因為那是自保之道，他們願意借錢已經算夠意思了，如果避不見面，應該會更嘔吧？

這個故事裡最奇幻的角色就是宮夢弼，我把他看作是一種暗喻，就是理財該在愈年輕的時候開始愈好。如果把那個埋石子的遊戲，視為你從小就懂得定期定額的存對股投資的話，當你發現原本埋下去的石子跟瓦礫都變成白銀就都可以說得通了。

理財愈早開始的優點就是坡道非常長，這樣即便你投入的金額不大，經過長時間的複利效應之後，都能變成一筆可觀的數字。用一個簡單的數學例子來說明，如果年利率是10％，以複利計算，只要經過十年，就會變成原本本金的2.59倍；如果經過二十年，就變成本金的6.72倍！

我想要是看到後來挖出的那些石子全都變成銀子，任誰都會想：當初要是多埋一點不知有多好？其實也不用多埋，只要記得把投資所配得的股息再投進去買，而不是把它領出來花掉，才能達到利滾利的效果。

很多人都知道這個道理，但要切實執行卻是相當困難。明明定期定額是最佳模式，卻偏想自己決定買進時間，將原本簡單的事情變得複雜，到頭來往往錯過了購買的時機，成為一場空。

股票買入後就不理會，是最佳的投資策略。不要想著短進短出，其實真正能獲利的都是長期持有者，這也是股神巴菲特的投資哲學之一；頻繁進出除了增加額外的成本（例如交易稅跟手續費），也會讓複利效應中斷，還把自己弄得緊張兮兮，疲憊不堪，何苦來哉？

就像〈宮夢弼〉埋好石子之後就從此消失不再聞問，時間會告訴你什麼是最好的投資，耐住性子、持之以恆的人就能享有回報。到頭來，你所感謝的「宮夢弼」，就是那個及早開始又守紀律的自己！

9

失而復得的一臂之力：孤注一擲是投資的下下策

〈賭符〉

〔原文〕

韓道士居邑中之天齊廟，多幻術，共名之「仙」。先子與最善，每適城，輒造之。一日，與先叔赴邑，擬訪韓，適遇諸途。韓付鑰曰：「請先往啟門坐，少旋我即至。」乃如其言。詣廟發扃，則韓已坐室中。諸如此類。

先是有敝族人嗜博賭，因先子亦識韓。值大佛寺來一僧，專事樗蒲，賭甚豪。族人見而悅之，罄資往賭，大虧；心益熱，典質田產復往，終夜盡喪。邑邑不得志，便道詣韓，精神慘淡，言語失次。韓問之，具以實告。韓笑云：「常賭無不輸之理。倘能戒賭，我為汝覆之。」族人曰：「倘得珠還合浦，花骨頭當鐵杵碎之！」韓乃以紙書符，授佩衣帶間。囑曰：「但得故物即已，勿得隴復望蜀也。」又付千錢，約贏而償之。族人大喜而往。僧驗其資，易之，不屑與賭。族人強之，請以一擲為期。僧笑而從之。乃以千錢為孤注。僧擲之無所勝負，族人接色，一擲成采；僧復以兩千為注。又敗；漸增至十餘千，明明梟色，呵之皆成盧雉，計前所輸，頃刻盡覆。陰念再贏數千亦更佳，乃復博，則色漸劣；心怪之，起視帶上，則符已亡矣，大驚而罷。載錢歸廟，除償韓外，追而計之，並末後所失，適符原數也。已乃愧謝失符之罪。韓笑曰：「已在此矣。固囑勿貪，而君不聽，故取之。」

有位姓韓的道士住在縣城裡的天齊廟，因為擅長幻術，所以人們都以「仙」來稱呼他。

先父和他最要好，每次進城都會去造訪他。

有一天，父親與已過世的叔叔進城，打算去韓道士那裡拜訪，碰巧在途中遇到了。

韓道士把鑰匙交給父親，說：「你們可先自行開門進屋坐一下，我隨後就回去。」他們走去寺廟，結果用鑰匙打開門一看，韓道士竟然已坐在屋裡了。諸如此類的事情，層出不窮。

在此之前，我們家族有位族人十分好賭，因為先父的關係認識了韓道士；當時大佛寺剛好住了一位和尚，也是好賭之人，賭注下得很大。族人見到同好自然開心不已，拿出身上所有的錢要和他賭幾把，結果全都輸光了。族人急著要翻本，典當了田產，又去找那和尚賭博，一夜之間輸到脫褲子。

這位族人抑鬱寡歡，便去找韓道士。

韓道士看到族人一臉愁容、無精打采又語無倫次的樣子，就問他是怎麼回事，族人據實以告。

韓道士笑著說：「十賭九輸是不變的道理，如果你能夠戒賭，我就幫你把輸掉的錢都拿回來。」

族人說：「只要錢能像合浦的珍珠一樣失而復得，我就用鐵杵把賭具砸碎！」

於是韓道士在紙上畫了一道符咒，讓族人佩帶在身上，還特別叮囑他：「只要拿回原本輸掉的錢就好，千萬不要因貪心而繼續賭下去。」說完，還給了他一千銅錢當賭本，說好贏了錢再還給韓道士。

族人大喜過望，就去找和尚。和尚看了那一千文銅錢一眼，非常鄙夷，根本不屑與他一賭。

族人強拉著他非賭不可，並要求一把定輸贏，和尚笑著答應了。

族人決定用那一千文銅錢孤注一擲，和尚擲了一回沒有分出勝負，族人接過骰子，一擲成采，贏了這把。和尚以兩千文銅錢下注，沒想到又輸了。

和尚的賭注愈下愈大，加到十餘千文錢，明明看清是最上采的梟色，族人一吆喝，就變成了次采盧色或再次采雉色；沒多久，先前輸掉的錢就全部贏回來了。

族人暗暗想著再贏幾千就好，於是又下注，可是每把都是次等采，沒再贏過。他覺得奇怪，起身翻看衣帶裡的符咒，已消失不見了。族人大吃一驚，趕緊罷手。

他帶著錢回到廟裡，扣除償還韓道士的一千文錢外，又仔細算了一下盈虧，恰好跟之前輸掉的數目相同。

他因丟失了那張符咒而向韓道士請求原諒，韓道士卻笑著說：「符咒已經回到我手上了。我叫你不要貪心，你卻講不聽，所以把它收回來了。」

避開「把雞蛋放在同一個籃子裡」的風險

這個故事有很深的警惕意味，就是不要碰賭；但若放在商業角度上來看，做任何生意多少還是有賭運氣的成分，當然也包括投資理財。

金融商品廣告後面會加註警語：「投資一定有風險，金融商品有賺有賠，申購前應詳閱公開說明書。」聽起來像是廢話，但就是告訴你願賭服輸，不要賠了錢才來怪東怪西。

不管是做生意買賣或投資，本質還是「賭」，只是比較有邏輯與分析能力的人不會全靠運氣來賺錢。

關於投資，首先要有個觀念，就是不要孤注一擲。

任何商業行為或理財投資都不能以押單注的方式來進行，除非你的本金少，無法分散風險，否則建議不要把資金全部放在一個標的之上。

我們常聽到一句話：「別把雞蛋放在同一個籃子裡。」有些人自以為是在分散風險，卻是把自己置於高風險中。

我出版上一本書《打造被動收入流：幫自己加薪的24個富思維》時，有位讀者留言：「我買了很多檔不同投信推出的半導體ETF，這樣應該比較沒有風險吧？」

如果他仔細去檢視，這些半導體ETF的選股內容都差不多，只是比例不同，我不認為有達到分散風險的效果。全數投入半導體類型的ETF，很容易招致「要好一起好，要死一起死」的結果，即使是投注在全球各國的半導體ETF。

除此之外，不孤注一擲也意謂著不將資金一次投入，而是分批買進，以達到降低平均成本的效果。

沒有人可以確定自己買到的是最低價，所以不需急於一時，這也更符合小資族理財的需求，一點一點慢慢買，總是有機會買到相對低的價位，最後攤提下來，會讓你的持有成本降低很多，壓力也不會那麼大。例如前一段時間由於美國總統川普的關稅政策，導致全球股市大震盪。如果是一次就把所有資金都投入，很可能錯失後面還有更便宜的價位可以撿的機會；所以最聰明的做法就是分批慢慢往下承接，這樣不但不會心慌意亂，也能把平均成本往下壓，一旦股市開始反彈向上，獲利的速度也會加快許多。

這個故事裡的賭徒為了翻本，把田產全都典當拿去賭，這種做法在現今社會也時有所聞。

倘若沒有十足的把握卻以賭身家的方式投資或做生意，那麼破產的機率就會非常大。

我始終認為，投資理財絕對要用閒錢，也就是你必須預留至少半年的生活應急費，剩下的錢才拿來投資。但是賭上身家的人往往具有不計代價、不留退路的瘋狂性格；他們或許認為這是一種破釜沉舟的決心，但是如果失敗了，可能連基本生活都成問題，更遑論東山再起，一切全都變成泡影。

人生的機會成本有限，不是每個人都能有翻本的好運。有的人跌過一次跤，就終生難以站起來，因此我們的每一次決定都格外重要。

股神巴菲特曾說：「一個投資人應該表現得好像一生只有一張決策卡，上面只有二十次決策機會。」

我覺得二十次多了些，一般人沒有他那麼有錢，決策時更應該謹慎以對，別犯下「孤注一擲」的錯誤。即使你在投資理財上感到懊悔，趕快修正才是解救之道。

10

一場過路財神的夢：破除心魔，避免掉入投資陷阱

〈雨錢〉

〔原文〕

濱州一秀才，讀書齋中。有款門者，啟視，則皤然一翁，形貌甚古。延之入，請問姓氏。翁自言：「養真，姓胡，實乃狐仙。慕君高雅，願共晨夕。」秀才故曠達，亦不為怪。遂與評駁今古。翁殊博洽，鏤花雕繢，粲於牙齒；時抽經義，則名理湛深，尤覺非意所及。秀才驚服，留之甚久。

一日，密祈翁曰：「君愛我良厚。顧我貧若此，君但一舉手，金錢宜可立致。何不小周給？」翁默然，似不以為可。少間，笑曰：「此大易事。但須得十數錢作母。」秀才如其請。翁乃與共入密室中，禹步作咒。俄頃，錢有數十百萬，從梁間鏘鏘而下，勢如驟雨，轉瞬沒膝；拔足而立，又沒踝。廣丈之舍，約深三四尺已來。乃顧語秀才：「頗厭君意否？」曰：「足矣。」翁一揮，錢即畫然而止。乃相與扃戶出。秀才竊喜，自謂暴富。

頃之，入室取用，則滿室阿堵物，皆為烏有，惟母錢十餘枚，寥寥尚在。秀才失望，盛氣向翁，頗懟其誑。翁怒曰：「我本與君文字交，不謀與君作賊！便如秀才意，只合尋梁上君交好得，老夫不能承命！」遂拂衣去。

濱州有位秀才在書房裡埋頭苦讀，聽見有人敲門，開門一看，是位滿頭白髮的老先生，他的容貌十分古樸。

秀才請老先生進屋，問他貴姓，老先生說：「我姓胡，其實是個狐仙，因仰慕你的溫文儒雅，希望能和你結交朋友。」

秀才生性豁達，不覺得有什麼好大驚小怪的，就跟這位老翁評古論今起來。

老翁學識淵博，用詞華麗雕琢，口才便給，不時引申經典，見解鞭辟入裡。秀才覺得老翁見地頗高，非自己的程度所能及，暗暗佩服，就留他住了下來。

有一天，秀才小聲拜託老翁：「蒙你對我如此厚愛，但看我窮困成這個樣子，其實你只要一動手，錢應該就馬上來了，能不能幫我紓困一下呢？」

老先生沉默不語，似乎不認同這個想法，一會兒卻又笑著說：「這還不簡單，但需要十幾個銅錢做本金。」

秀才連忙拿出錢來，老翁就和他一起進到密室裡，像道士作法般地走陣念咒。沒多久，成千上萬的銅錢從屋梁上鏗鏗鏘鏘地掉了下來……眼前就像下了場傾盆大雨，轉瞬間淹沒了膝蓋，抽出腳來，馬上又淹沒了腳踝；一丈寬的房子裡積滿了約三、四尺深的銅錢。

老先生看著秀才，說：「這樣你滿意了嗎？」

秀才說：「足夠了。」

老翁手一揮，錢就不再落下，兩人鎖上門出來。

秀才內心暗喜自己突然成了富翁，過了一會兒，他進房準備拿錢出來，赫然發現滿屋子的錢都不見了，只剩下那十幾個銅錢的本金。

秀才大失所望，十分生氣地責怪老翁欺騙他。

老翁也不忍了，生氣地說：「我本來是想和你做文字上的切磋來往，可不是要和你一起做賊的！倘若要如你的意，那你只能去找梁上君子交陪，恕我不能從命！」於是甩了甩衣袖，頭也不回地走了。

詐騙總是伴隨貪婪而來

這則短短的故事，具有很深的寓意。

金錢無人不愛，人的內心或多或少都有貪婪的念頭。只要沒有逾越法紀，貪，有時也是推動人類進步的動力。

狐仙為秀才畫了大餅，到頭來卻是夢想落空，這不就跟現代很多吸金的龐氏騙局一樣嗎？用豐厚的利潤引誘投資人，不疑有他。當你以為自己遇上幫你錢滾錢的大善人，他卻把你的本錢全都捲走，呼天不應，喊地不靈。

這個狐仙至少把秀才的本金還給了他，吸金騙局的首腦可沒這麼有良心。仔細想一想，為何類似的騙局層出不窮，且一直有人上鉤當冤大頭呢？當然是跟人性的貪婪脫不了關係。

如果重賞之下必有勇夫，重利之下也一定會有肥羊上鉤。問題是重利哪裡來？除非自己能印鈔票，否則只是拿後面跳進來的人的錢去支付前面投資者的利息，而不是真的進行投資。

現在大家比較聰明了，沒那麼容易上當。但是謹記，騙徒永遠比你更聰明，他們會設計出不同的劇本。無論如何，只要你不去貪圖不合理的獲利，就不會中計。

如果有那麼好的投資報酬率，他自己賺得缽滿盆滿，不是更美好？連募資的基金或ＥＴＦ機構都會提醒你投資有賺有賠，怎麼可能會有穩賺不賠這種事呢？應該沒有這麼佛心吧。

除了小心詐騙集團，朋友來遊說你投資他的事業時也請務必思量。如果以股票上市或高報酬率為號召，很可能是在畫大餅，除非你很了解他的公司運作狀況，或對財報洞察透澈（當然，財報也可能會作假），否則只憑感覺或礙於人情就貿然投資，賠錢的機會仍然非常高。

除非你樂善好施，否則何必跟自己的荷包過不去？

AI狂潮來襲，你的大腦也要懂得升級。

故事裡的秀才，可能就是現實世界裡你和我的寫照。

這世界唯一不變的是人性的貪婪，只有管住自己的貪妄之心，才能永保安康。

很多財務陷阱其實是自己挖的坑，你會發現，現在社會裡常常聽聞的詐騙伎倆一點也不新穎，早在幾百年前就已經有了。這樣的手法在商場上也是屢見不鮮。你會跌入自掘的坑，其實是敗在自己的心魔，一旦相信了騙局，就不太願意接受事實；只要不醒來，美夢永遠在。

很多人為了完成一筆大交易，會勾串許多相關人物，引誘你一步步走進他設計好的套路，最終簽下合約。雖然未必是詐騙，但其實也是精心設計過的劇本。

例如很多人都聽說過甚至體驗過的「廣西南寧詐騙案」，其實在這套詐騙的剛開始，就是一個名為純資本運作的投資計畫，而且還宣稱是透過官方與民間企業合作的一個投資方案。其實早年有不少臺灣人前往南寧探路與投資，後來發現獲利根本不如預期，甚至虧損連連。但因頭已經洗下去了，要抽身退場的門檻可能更高，於是乾脆留在當地，然後跟吸金詐騙分子合謀，一起營造繁榮假象，再誆騙更多臺灣人跳進去當下線，才演變成後來臺灣人騙同鄉的龐氏騙局。

那麼一開始的時候，自願去當地進行投資開發的人，難道是被詐騙嗎？其實不算。但當時會過去的人，可能就是聽信了一些官方與民間企業給出的優厚獎勵措施，一層一層的利誘與洗腦，才會陷進那個錢坑之中無法自拔。一個人講你可能不信，當十個人都跟你這樣講的時候，你就會深信不疑了。

很多未上市股票投資也是利用這樣的方式吸取資金，透過不同的角色（可能是公司高層、股票仲介甚至會計師及律師）一層一層輪番來進行遊說，每說一次你的戒心就脫下一層，最後終於簽下買賣合約。他或許並非詐騙，但卻可能讓你套進去變成永久股東。當時告訴你很快會上市，後來卻一延再延，甚至要你再繼續增資，你美其名是公司股東，卻分不到任何股利，而慘的是連想賣都賣不掉。

還有些骨董珠寶不動產的買賣也是一樣的套路，邀你買的時候都說得很完美，什麼收藏名家、鑑價人士都會出現，等你買下之後再想脫手就沒那麼容易了。除非你以收藏為樂，否則要等增值變現，比登天還難。

財不迷人人自迷，這類的手法能奏效，靠的還是上當者自己缺乏理性判斷的邏輯，只陷在一廂情願的夢想之中。雖然說有夢最美，但美夢還是得切合實際才能有機會成真。

很多投資人在一頭熱時完全沒有想過要退場時的困難度，其實每一項投資的退場都有著難易程度不等的門檻，有的投資進場容易退場難，想回頭已是百年身。你不是選擇繼續耗下去，就是只能忍痛放手，把它當作沉沒成本，尤有甚者，想捨棄掉也不容易，可能還得再花一筆錢才能擺脫一場災難。

現在很多的投資管道已經很透明，與其被別人牽著鼻子，不如自己花點時間做好功課；只要不清楚或覺得有疑慮的地方，不要怕麻煩，冷靜地查證，而不要貿然簽字。錢在你的口袋裡，沒有你同意，它不會自己長腳跑掉，你的決定才是關鍵所在。

想要期待不合理的投資報酬率，不如買張樂透吧。

11

專情又狠心的青樓女：當機立斷是成功者的必殺技

〈細侯〉

〔原文〕

昌化滿生，設帳於餘杭。偶涉廛市，經臨街閣下，忽有荔殼墜肩頭。仰視，一雛姬憑閣上，妖姿要妙，不覺注目發狂。姬俯哂而入，詢之，知為娼樓賈氏女細侯也。其聲價頗高，自顧不能適願。歸齋冥想，終宵不枕。明日，往投以刺，相見，言笑甚歡，心志益迷。託故假貸同人，斂金如乾，攜以赴女，款洽臻至。即枕上口占一絕贈之云：「膏膩銅盤夜未央，床頭小語麝蘭香。新鬟明日重妝鳳，無復行雲夢楚王。」細侯蹙然曰：「妾雖污賤，每願得同心而事之。君既無婦，視妾可當家否？」生大悅，即叮嚀，堅相約。細侯亦喜曰：「吟詠之事，妾自謂無難，每於無人處，欲效作一首，恐未能便佳，為聽觀所譏。倘得相從，幸教妾也。」因問生家田產幾何，答曰：「薄田半頃，破屋數椽而已。」細侯曰：「妾歸君後，當長相守，勿復設帳為也。四十畝聊足自給，十畝可以種黍，織五匹絹，納太平之稅有餘矣。閉戶相對，君讀妾織，暇則詩酒可遣，千戶侯何足貴！」生曰：「卿身價略可幾多？」曰：「依媼貪志，何能盈也？多不過二百金足矣。可恨妾齒稚，不知重資財，得輒歸母，所私蓄者區區無多。君能辦百金，過此即非所慮。」生曰：「小生之落寞，卿所知也，百金何能自致。有同盟友，令於湖南，屢相見招，僕以道遠，故憚於行。今為卿故，當往謀之。計三四月，可以復歸，幸耐相候。」細侯諾之。生即棄館南游，至則令已免官，以罣誤居民舍，宦囊空虛，不能為禮。生落魄難返，就邑中授徒焉。三年，莫能歸。偶笞弟子，弟子自溺死。東翁痛子而訟其師，因被逮囹圄。幸有他門人，憐師無過，時致饋遺，以是得無苦。

細侯自別生，杜門不交一客。母詰知故，不可奪，亦姑聽之。有富賈某慕細侯名，託媒於媼，務在必得，不靳直。細侯不可。賈以負販詣湖南，敬偵生耗。時獄已將解，賈以金賂當事吏，使久錮之。歸告媼云：「生已瘐死。」細侯疑其信不確。媼曰：「無論滿生已死，縱或不死，與其從窮措大以椎布終也，何如衣錦而厭粱肉乎？」細侯曰：「滿生雖貧，其骨清也；守齷齪商，誠非所願。且道路之言，何足憑信！」賈又轉囑他商，假作滿生絕命書寄細侯，以絕其望。細侯得書，惟朝夕哀哭，媪曰：「我自幼於汝，撫育良劬。汝成人二三年，所得報者，日亦無多。既不願隸籍，即又不嫁，何以謀生活？」細侯不得已，遂嫁賈。賈衣服簪珥，供給豐侈。年餘，生一子。

無何，生得門人力，昭雪而出，始知賈之錮己也；然念素無郤，反復不得其由。門人義助資斧以歸。既聞細侯已嫁，心甚激楚，因以所苦，託市媪賣漿者達細侯，細侯大悲。方悟前此多端，悉賈之詭謀。乘賈他出，殺抱中兒，攜所有亡歸滿；凡賈家服飾，一無所取。賈歸，怒質於官。官原其情，置不問。嗚呼！壽亭侯之歸漢，亦復何殊？顧殺子而行，亦天下之忍人也！

昌化有位姓滿的書生，在餘杭設立私塾教書。某天他上街時，經過街邊的閣樓，忽然有個荔枝殼掉落在肩上。

他抬頭一看，有位少女靠著閣樓圍欄，丰姿綽約，他看得出了神，好似要發狂一般；少女低頭掩笑，走進門內。一問之下，才知道是妓院鴇母賈氏的女兒細侯。

細侯的身價不菲，滿生自知很難一親芳澤。

滿生返回書齋後，日思夜想，整晚無法成眠。隔天，他到妓院送上名帖，與細侯見了面，相談甚歡，更是被她迷得神魂顛倒。之後他便找了藉口向同事借錢，湊了一些銀子，又去見了細侯，兩人情真意切，甜蜜融洽。

滿生在枕頭上作了一首絕句送給細侯：「膏膩銅盤夜未央，床頭小語麝蘭香，新鬟明日重妝鳳，無復行雲夢楚王。」細侯聽了皺著眉頭，說：「我雖非潔淨之身，卻想得到一位心意相通的人侍奉他。你既然沒有妻室，我能幫你持家嗎？」

滿生大為驚喜，立誓私訂終身。

細侯很高興地說：「吟詩作對之事，我自認不難，也常私底下學著作幾首自樂，又怕作得不好，讓人看笑話。如果能跟你在一起，希望你能指導我。」於是又問滿生家有多少田產房子。

滿生說：「我家只有薄田五十畝和幾間破屋罷了，沒有其他恆產。」

細侯說：「嫁給你以後，我們要天天在一起，你就不要再出去教書了。耕種四十畝地已可以自給自足，其他十畝地用來種黍，再織五疋絹布，這樣交納賦稅也綽綽有餘了。我們可以閉門相對而坐，你讀書、我織布，閒暇日子飲酒作詩以為消遣，若能這樣過日子，千戶侯又有什麼好羨慕的！」

滿生說：「贖妳的身需要多少銀兩呢？」

細侯說：「以母親的貪念，可能需要二百兩銀子才夠。可恨的是我年輕時不看重錢財，拿到的銀子都給了母親，自留的積蓄寥寥無幾。你若能籌到一百兩銀子應該就夠了，如能超過的話就更不必擔心了。」

滿生說：「我有多不濟，妳也很清楚，一百兩銀子，我自己怎麼辦得到？我有位好朋友在湖南當縣令，幾次要我去找他，總因為路途遙遠而沒去成。如今為了贖妳，我一定要去找他幫忙籌措銀子，大概三、四個月就可以回來，妳一定要耐心等我。」

細侯答應了。

滿生放下工作，前往湖南。到了那裡，沒想到縣令因犯錯而被免了官職，住在民宅裡，他也沒有什麼錢，所以無法幫上忙。

滿生窮困潦倒，沒錢返回餘杭，只好留在這個縣裡教書度日。一晃過了三年，仍然回不了家。

有一次，滿生偶然責罰了學生，這個學生居然投水自盡。學生家長因痛失愛子而控告老師，滿生被關進了大牢。幸虧其他學生同情他的處境，時常給他送東西，才不至於太辛苦。

而細侯自從與滿生分別之後，就閉門不再接客了。

賈母問其緣故，又沒法逼她改變心意，也只好隨她了。這時有位富商對細侯仰慕已久，便托媒人來跟賈氏提親，不計代價，一定要娶細侯為妻。

細侯當然不願意。

富商因經商到了湖南，仔細探查滿生的下落。這時，滿生的獄期將滿，富商便用銀子買通掌管牢獄的官吏，延長滿生的刑期。

富商回來後，告訴賈氏：「滿生已經死在牢裡了。」

細侯懷疑富商的消息並不真確。

賈氏說：「先不說滿生已經死了，就算沒死，與其跟著他一輩子窮苦度日，還不如跟富商吃香喝辣、榮華富貴過一生。」

細侯說：「滿生雖然不富有，但他的人品清高；守著一個齷齪商人，實在不是我所情願的。況且只是道聽塗說，怎麼能當真呢！」

富商看細侯仍不死心，乾脆叫另一個商人造假，寫了一篇滿生的絕命書寄給細侯，以徹底斷絕她的期望。

細侯收到了這封絕命書，日夜不停哀號。

賈氏說：「我含辛茹苦地把妳撫養長大，妳成人不過二、三年，能讓妳報恩的日子也不多了。妳既不願意委身為妓，又不肯嫁人，這樣下去，要以什麼維生呢？」

細侯不得已之下，只得同意嫁給富商。從此錦衣玉食，生活豐足奢華，過了一年多，生下一個男孩。

後來，滿生得到學生的大力相助，沉冤昭雪，被釋，重獲自由。他才知道，原來是那個富商讓他多坐了冤獄，但他與富商並無宿怨，怎麼也想不透富商為何要陷害自己。

好心的學生們出資助他返鄉，當他聽說細侯已經出嫁的消息，心情十分激動淒楚，於是就將自己遭遇的一切，託一位賣豆漿的老婦轉達給細侯。

細侯得知原委後非常悲傷，才明白之前種種都是富商的計謀。她趁富商到外地去，殺了懷抱中的孩子，收拾起細軟，投奔滿生去了。富商家的衣物首飾，一件也不帶走。

富商回家後勃然大怒，一狀告到了官府。判官經過一番審問後了解事情的真相，把這個案子擱置下來，不予審理。

這與三國時關羽從曹營毅然回歸蜀漢，又有什麼不同？不過，細侯竟然殺死自己的親生兒子離開，實在是個心狠手辣之人！

做生意當忍則忍，當狠則狠

古代尋芳客與青樓女子的交易，也是一種商業行為。究竟商業行為該不該摻入私人感情呢？這個問題沒有標準答案。

在東方人的傳統觀念中總認為建立人情好辦事，所以談生意的第一步常常是套交情；好像只要把關係打好，生意就做成了一半。這或許可以解釋為何東方人談生意特別愛交際應酬，很多合約都是在燈紅酒綠的場合裡簽下的。但是水能載舟亦能覆舟，感情或許是商業行為中的潤滑劑，一旦因為感情而破壞理性邏輯，造成不可彌補的損失，也很可能成為一家公司走向崩壞的元凶。

尋芳客與青樓女之間的商業行為很容易有擦槍走火的感情介入。很多人剛開始都說只是逢場作戲，但日久生情，戲也就愈來愈較真，不然假戲真做從何而來？只是，原本單純的商業行為加入感情成分，問題就變得複雜很多；情在一切都好說，就算不收錢也沒關係；當感情變質，情債錢債混成一團剪不斷理還亂的毛線球，常常弄得兩敗俱傷。

我認為故事裡的細侯是個很有商業邏輯的人，她很清楚知道自己要的是什麼，把商業行為與私人感情的界線劃分得很明確，這樣的人在商場上必定勇敢果決，也比較不會以私害公。雖然看起來有點狠，但不得不說她很明智地斬斷很多日後不必要的麻煩。她如果生在現代，應該會是個縱橫商場的女強人。

在商言商，我不認為加入私人感情是理性思維，因為這很可能會阻礙判斷，甚至造成損失。

很多人跟親朋好友合夥做生意，到頭來演變成友情決裂，人財兩失，也都是因為參雜了友情的因素。若朋友擅自做了決策造成虧損，或是有些帳目不清不楚，這時你會基於情誼原諒放水，還是不顧情面勇敢糾正？

不管你做什麼樣的選擇，裂痕都已經形成，日積月累下來，還是會變成一道鴻溝，也就埋下決裂的種子。

我認為與其帶著懷疑的心情繼續合夥下去，還不如當機立斷，分道揚鑣。任何堤防的潰堤，都是起因於細微的裂隙。在商業世界裡，「疑人不用」的思維還是應該置於「用人不疑」的原則之前。

「自己人好說話」看似是溝通上的好處，往往也是累積弊端的隱憂。無怪乎現在很多商業合作案或請知名人士代言都會簽下賠償條款，一旦發生不名譽的事件，足以影響整個商業利益，不但會被逕行切割，甚至有鉅額的賠償金要支付。

做生意要果斷，先禮後兵，合作得好就禮尚往來；合作不好也不用囿於情面，當斷則斷。

12

所託非人的悲鴿：誠信是交易的最高指導原則

〈鴿異〉

〔原文〕

鴿類甚繁，晉有坤星，魯有鶴秀，黔有腋蝶，梁有翻跳，越有諸尖，皆異種也。又有靴頭、點子、大白、黑石、夫婦雀、花狗眼之類，名不可屈以指，惟好事者能辨之也。鄒平張公子幼量，癖好之，按經而求，務盡其種。其養之也，如保嬰兒：冷則療以粉草，熱則投以鹽顆。鴿善睡，睡太甚，有病麻痺而死者。張在廣陵，以十金購一鴿，體最小，善走，置地上，盤旋無已時，不至於死不休也，故常須人把握之；夜置群中，使驚諸鴿，可以免痺股之病：是名「夜遊」。齊魯養鴿家，無如公子最；公子亦以鴿自詡。

一夜，坐齋中，忽一白衣少年叩扉入，殊不相識。問之，答曰：「漂泊之人，姓名何足道。遙聞畜鴿最盛，此亦生平所好，願得寓目。」張乃盡出所有，五色俱備，燦若雲錦。少年笑曰：「人言果不虛，公子可謂盡養鴿之能事矣。僕亦攜有一兩頭，頗願觀之否？」張喜，從少年去。月色冥漠，野壙蕭條，心竊疑懼。少年指曰：「請勉行，寓屋不遠矣。」又數武，見一道院，僅兩楹。少年握手入，昧無燈火。少年立庭中，口中作鴿鳴。忽有兩鴿出：狀類常鴿，而毛純白；飛與簷齊，且鳴且鬥，每一撲，必作觔斗。少年揮之以肱，連翼而去。復撮口作異聲，又有兩鴿出：大者如鶩，小者裁如拳；集階上，學鶴舞。大者延頸立，張翼作屏，宛轉鳴跳，若引之；小者上下飛鳴，時集其頂，翼翩翩如燕子落蒲葉上，聲細碎，類鞀鼓；大者伸頸不敢動。鳴越急，聲變如磬，兩兩相和，間雜中節。既而小者飛起，大者又顛倒引呼之。張嘉歎不已，自覺望洋可愧。遂揖少年，乞求分愛，少年不許。又固求之。少年乃叱鴿去，仍作前聲，招二白鴿來，以手把之，曰：「如不嫌憎，以此塞責。」接而玩之：睛映月作琥珀色，兩目通透，若無隔閡，中黑珠圓於椒粒；啟其翼，脅肉晶瑩，臟腑可數。張甚奇之，而意猶未足，詭求不已。少年曰：「尚有兩種未獻，今不敢復請觀矣。」

方競論間，家人燎麻炬入尋主人。回視少年，化白鴿，大如雞，沖霄而去。又目前院宇都渺，蓋一小墓，樹二柏焉。與家人抱鴿，駭歎而歸。試使飛，馴異如初。雖非其尤，人世亦絕少矣。於是愛惜臻至。

積二年，育雌雄各三。雖戚好求之，不得也。有父執某公，為貴官。一日，見公子，問：「畜鴿幾許？」公子唯唯以退。疑某意愛好之也，思所以報而割愛良難。又念長者之求，不可重拂。且不敢以常鴿應，選二白鴿，籠送之，自以千金之贈不啻也。他日見某公，頗有德色，而其殊無一申謝語。心不能忍，問：「前禽佳否？」答云：「亦肥美。」張驚曰：「烹之乎？」曰：「然。」張大驚曰：「此非常鴿，乃俗所言『靼韃』者也！」某回思曰：「味亦殊無異處。」

張歎恨而返。至夜，夢白衣少年至，責之曰：「我以君能愛之，故遂託以子孫。何乃以明珠暗投，致殘鼎鑊！今率兒輩去矣。」言已，化為鴿，所養白鴿皆從之，飛鳴逕去。天明視之，果俱亡矣。心甚恨之，遂以所畜，分贈知交，數日而盡。

鴿子種類繁多，山西有「坤星」，山東有「鶴秀」，貴州有「腋蜨」，河南有「翻跳」，浙江有「諸尖」，都是不同品種的鴿子。另外，還有靴頭、點子、大白、黑石、夫婦雀、花狗眼等，品類繁多，只有內行才有辦法辨識。

鄒平縣有位公子張幼量，特別喜歡鴿子。他按照典籍上所列的四處搜羅，希望找到天下所有品種。

他養鴿子就像在養育自己的孩子一樣，天冷了，用粉草給鴿子保暖；天熱了，就給鴿子吃點鹽粒。鴿子很會睡覺，但睡得太多，容易麻痺而死。

張公子在廣陵花了十兩銀子買了一隻鴿子，體形很小，喜歡走動，把牠放在地上，就會不停地來回走動，所以需要不時將牠抱在手中。夜裡把牠放到鴿群中，讓牠驚動其他鴿子，可以防止鴿群麻痹症發生。這品種的鴿子叫做「夜遊」。

山東一帶的養鴿子人家，沒有人比得上張公子，他也常以善養鴿子自誇。

某天夜裡，張公子獨坐在書房中，忽然一位身著白衣的少年叩門進來。兩人完全不認識，問他何許人，他說：「四處漂泊之人，姓名不值一提。聽聞您對養鴿子很拿手，這也是我平生的嗜好，希望能參觀您養的鴿子。」張公子就把自己所養的鴿子展示給少年看，各種顏色都有，璀璨如雲彩錦繡。

少年笑著說：「看來傳說不假，公子真可稱得上天下最厲害的養鴿人了。我也養了一兩隻，公子願意看看嗎？」張公子聽了，很高興地跟著少年去了。

在月色朦朧中，他們來到一片荒涼的曠野中，張公子心裡不免有些疑慮。少年向前指了指，說：「請再走一段路，我的屋子就在前面不遠處。」又走了一會兒，見到一座道院，院內只有兩間屋子。

少年牽著張公子的手走了進去，院內暗無燈火。少年站在院子的中央，嘴裡學著鴿子的叫聲。忽然有兩隻鴿子飛了出來，就跟尋常鴿子沒兩樣，但身上的羽毛純白，飛到屋簷的高度，邊叫邊鬥，每次互撲，必定會翻跟斗；少年一揮手臂，兩隻鴿子就一齊飛走了。

少年嘟起嘴唇，發出一個奇異的聲音，又有兩隻鴿子飛出來，大的跟白鷺一般大，小的如拳頭大小；接著，兩隻鴿子並立在臺階上，學著白鶴起舞。大的伸長脖子，張開雙翅作出孔雀開屏的樣子，一邊跳一邊婉轉鳴叫，好像在引導小鴿子；小鴿子上下飛動鳴啼，時而飛到大鴿子的頭頂上，翩翩振翅，如同燕子飛落在蒲葉上，聲音細碎，好似敲著小鼓，大鴿則伸長脖子不敢動。

聲音愈叫愈快，變得如同擊磬一般清脆悅耳，兩鴿鳴叫有如和聲，間雜穿插一定的節拍。小鴿子飛起，大鴿子就上下顛倒配合牠。

張公子看瞪目結舌、讚嘆不已，於是拱手請求少年能夠割愛。

少年不同意，張公子還是不死心，苦苦懇求。

少年揮手讓這對鴿子飛去後，又用之前呼喚鴿的聲音，招了那兩隻白鴿來，用手捧住，對張公子說：「如您不嫌棄，就將這兩隻白鴿送給您，作為替代。」

張公子把兩隻白鴿接過手中，仔細地賞玩，只見白鴿一雙眼睛在月光映照下，呈現美麗的琥珀色，兩眼通透明亮，中間彷彿沒有隔閡，黑眼珠圓得像一顆黑椒粒。掀起鴿子的翅膀看，肋間的肌肉晶瑩透明，五臟六腑都看得清清楚楚。

張公子深感詫異，但仍覺得不滿足，乞求少年再送他幾隻。

少年說：「我原本還有兩種鴿子要展示，看您如此，現在不敢再讓您欣賞了。」兩人正熱烈討論時，張家人點著火把來找尋主人。

張公子回頭一看，少年竟化為一隻白鴿，大得像隻雞，朝天飛去。又見眼前的道院屋舍全都消失不見，只剩一座小墳及兩棵柏樹。

他與家人抱著白鴿，驚駭歎息而歸。

回家後，他試著讓白鴿飛翔，牠們非常馴良，就跟初見時一樣，雖然不是那些鴿子當中表現最好的，人世間也很難找得到了。

張公子對這兩隻鴿子愛護有加，過了兩年，這對白鴿又生了各三隻公和母的鴿子，雖然親友想跟他要，也絕不割愛。

有位父執輩的友人，是位大官。一天，見到張公子，問他：「你一共養了多少隻鴿子啊？」張公子保守地應答後就告退了。

他懷疑這位官人也是愛鴿之人，想送對方幾隻鴿子，卻又捨不得。顧慮到是長輩的要求，不好拂逆他的期待，又不敢將平凡無奇的鴿子送給他，敷衍了事，就選了兩隻白鴿，用籠子裝好送給他，以為這份禮物就是送千兩銀子也比不上。

過了幾天，張公子又見到這位大官，他以為官人應該會很滿意，頗為得意。沒想到官人在言談間並沒有任何感謝和讚美。

張公子終於忍不住，問：「前兩天我送您的鴿子，您可喜愛？」

大官回答說：「是挺肥美的。」

張公子大驚地說：「大人把鴿子煮了？」

大官說：「是啊！」

張公子一臉難以置信：「這可不是尋常的鴿子呀，這是眾所公認的良品「鞞韃」啊。」

官人想了一下說：「滋味也沒什麼特殊啊。」

張公子聽了，飲恨而歸。

到了夜裡，張公子夢見白衣少年來找他，責備地說：「我原以為你會很愛惜我的鴿子，所以才把子孫託付於你；你怎能這麼草率地處置牠們，讓我的子孫喪身於鍋爐之中，今天我就把子孫帶走了。」話一說完，就化作白鴿，張公子所養的白鴿全都跟著牠飛鳴而去。

天一亮，張公子驚慌地去看籠中的白鴿子，果然都消失不見了。心中無限悔恨，就決定把所養的鴿子，分送給自己的至交好友，幾天之內就分送光了。

商品的價值由識貨者決定

這是個關於誠信的故事。

張公子當然不是故意把豢養的白鴿送人祭五臟廟，但無心之過仍是過，這是百口莫辯的事實，所以也是必須坦然接受的結果。

朋友向我訴說了一個親身經驗：他在知名的商場裡買了幾串昂貴的麝香葡萄，帶回家後卻愈看愈覺得奇怪。明明買的是兩串葡萄，但其中一串卻明顯小得多。

他覺得縱使每一串會有少許差異，也不應該差那麼多。於是具有求證精神的他拿磅秤出來稱，果不其然，總重比包裝袋上標示的少了五十多克。

他立刻返回商場，要求換貨，商場的主管雖然同意，但語氣中完全不認為有任何疏失，只說這些都是進口商品，無法保障品質。

朋友認為這樣的說法並不合理，就算是進口商品，但他們擺出來販賣，當然有責任把關。那是他今天覺得有異且剛好有秤才能抓出問題，其他消費者很可能不察，就這樣吃了悶虧。

他甚至覺得之前買的水果是否都有這種偷斤減兩的狀況？總不能每次買回家都還要自己稱重才能安心，但那位主管擺出一副愛莫能助、要買不買隨你便的態度。

朋友當下決定退貨，不買了，以後也不想再來光顧。

我在新聞中看到某家知名的漁港餐廳，竟然在代客烹調時掉包海鮮魚貨，不是偷扣幾隻蝦，就是以次級品替換，被顧客抓包後才認錯道歉，但已造成整體店家的商譽受損，生意也大受影響。

商譽是無價的，也是日復一日堆積起來的。如果不仔細維護，一夕之間就足以瓦解多年的根基。

相信很多人都有去旅遊時買東西被騙的負面經驗，那些商人為什麼總愛騙觀光客的錢？因為他們知道，遊客可能只來這一次，就算被騙了，也不太可能回來找麻煩，所以這樣的小店是沒有誠信可言的。除非你只想做一次性的生意，否則誠信才是讓生意可長可久的關鍵要素。

這個故事帶給我的另一個啟示是：商品的價值，往往由識貨的人決定。倘若不識貨，再好的東西也會變得沒有價值。

有次我到某位長輩家做客，長輩泡了茶招待。我對茶實在沒有研究，也喝不出有什麼特別不同之處；等到茶喝下肚，長輩說剛剛喝的是今年的冠軍茶，一斤要五萬元，我睜大眼睛，不敢相信。

那我剛喝的那一小杯不就好幾百塊？真的是吃米不知米價呀。

不知米價至少還分得出飯好不好吃，最怕是珍貴的東西放在你眼前，還當它是尋常之物。看在識貨人的眼裡，只有暴殄天物的心痛。

要成為識貨人，也得經過學習，沒有人天生就識貨；所以當你要送好東西給人，或許先確認對方究竟識不識貨，不然也必須先告知對方，否則不但徒然糟蹋好物，沒有達到送禮的美意，被怪罪的人也很無辜，沒有人是贏家。

有時候，明明事情裡沒有一個人是故意犯錯，到頭來卻變成遺憾。我們從這個故事可以明白，不見得心存惡意才會鑄下大錯，商業裡也處處可見相似的狀況。有時候未必是主事者做錯了決策，只是整個時勢已經改變，消費者的喜好或消費習慣轉變，原本獲利的生意突然翻船了，責怪誰都沒有用，只能盡快轉型或另闢蹊徑才有出路。

商場上最重視的就是誠信，雖然我們常聽人說「無奸不商」、「無商不奸」，但如果一個商人沒有誠信，生意是做不久的。客戶可能被騙一次、兩次，絕不可能一直當冤大頭。

誰說無奸不成商？希望這個故事對你有所啟發。

13

本是同根生，何苦相為難：在商業世界，互利才能共生

〈二商〉

〔原文〕

莒人商姓者，兄富而弟貧，鄰垣而居。康熙間，歲大凶，弟朝夕不自給。一日，日向午，尚未舉火，枵腹蹀躞，無以為計。妻令往告兄，商曰：「無益。脫兄憐我貧也，當早有以處此矣。」妻固強之，商便使其子往。少頃，空手而返。商曰：「何如哉！」妻詳問：「阿伯云何？」子曰：「伯躊躇目視伯母，伯母告我曰：『兄弟析居，有飯各食，誰復能相顧也。』」夫妻無言，暫以殘盎敗榻，少易糠粃而生。

里中三四惡少，窺大商饒足，夜踰垣入。夫妻驚寤，鳴盥器而號。鄰人共嫉之，無援者。不得已，疾呼二商。商聞嫂鳴，欲趨救，妻止之，大聲對嫂曰：「兄弟析居，有禍各受，誰復能相顧也！」俄，盜破扉，執大商及婦，炮烙之，呼聲綦慘。二商曰：「彼固無情，焉有坐視兄死而不救者！」率子越垣，大聲疾呼。二商父子故武勇，人所畏懼，又恐驚致他援，盜乃去。視兄嫂，兩股焦灼，扶榻上，招集婢僕，乃歸。

大商雖被創，而金帛無所亡失。謂妻曰：「今所遺留，悉出弟賜，宜分給之。」妻曰：「汝有好兄弟，不受此苦矣！」商乃不言。二商家絕食，謂兄必有一報；久之，寂不聞。婦不能待，使子捉囊往從貸，得斗粟而返。婦怒其少，欲反之；二商止之。逾兩月，貧餒越不可支。二商曰：「今無術可以謀生，不如鬻宅於兄。兄恐我他去，或不受券而恤焉，未可知；縱或不然，得十餘金，亦可存活。」妻以為然，遣子操券詣大商。大商告之婦，且曰：「弟即不仁，我手足也。彼去則我孤立，不如反其券而周之。」妻曰：「不然。彼言去，挾我也；果爾，則適墮其謀。世間無兄弟者，便都死卻耶？我高葺牆垣，亦足自固。不如受其券，從所適，亦可以廣吾宅。」計定，令二商押署券尾，付直而去。二商於是徙居鄰村。鄉中不逞之徒，聞二商去，又攻之。復執大商，搒楚並兼，梏毒慘至，所有金資，悉以贖命。盜臨去，開廩呼村中貧者，恣所取，頃刻都盡。次日，二商始聞，及奔視，則兄已昏憒不能語；開目見弟，但以手抓床席而已。少頃遂死。二商忿訴邑宰。盜首逃竄，莫可緝獲。盜粟者百餘人，皆里中貧民，州守亦莫如何。大商遺幼子，纔五歲，家既貧，往往自投叔所，數日不歸；送之歸，則啼不止。二商婦頗不加青眼。二商曰：「渠父不義，其子何罪？」因市蒸餅數枚，自送之。過數日，又避妻子，陰負斗粟於嫂，使養兒。如此以為常。又數年，大商賣其田宅，母得直，足自給，二商乃不復至。後歲大饑，道殣相望，二商食指益繁，不能他顧。姪年十五，荏弱不能操業，使攜籃從兄貨胡餅。一夜，夢兄至，顏色慘戚曰：「余惑於婦言，遂失手足之義。弟不念前嫌，增我汗羞。所賣故宅，今尚空閒，宜僦居之。屋後蓬顆下，藏有窖金，發之，可以小阜。使醜兒相從，長舌婦余甚恨之，勿顧也。」既醒，異之。以重直啗第主，始得就，果發得五百金。從此棄賤業，使兄弟設肆廛間。姪頗慧，記算無訛；又誠慤，凡出入一錙銖必告。二商益愛之。一日，泣為母請粟。商妻欲勿與，二商念其孝，按月廩給之。數年家益富。大商婦病死，二商亦老，乃析姪，家資割半與之。

莒縣有對姓商的兄弟，哥哥很富有，弟弟卻非常貧窮，兩家人比鄰而居。

康熙年間，有一年鬧災荒，弟弟一家人過著朝不保夕的生活。有天已過中午，弟弟還不知今天的午飯在哪裡，肚子餓得咕嚕直叫。他來回踱步，想不出任何辦法。

老婆叫他去求大哥，他說：「沒用的，要是大哥會可憐我們的話，不必等我開口，自己就來幫助我們了。」妻子仍執意要他去，他就讓兒子去了。

過了一會兒，兒子空手回來。他說：「我說的沒錯吧？」

妻子詳細問兒子大伯說了些什麼，兒子說：「大伯猶豫地看著伯母，伯母對我說：『兄弟既然已經分家，就各自過活，誰也顧不了誰了。』」

他們夫婦無話可說，只能把僅有的破舊家當賣掉，換點粃糠來餬口。

村裡有三、四個無賴，看到大商家裡頗富裕，趁著夜晚四下無人翻牆，闖進了大商家。

大商夫婦聽見動靜，從睡夢中驚醒，敲起鍋盆大喊抓賊。因為大商家平日對鄰居不友善，沒人願意伸援手；大商夫婦不得已之下，只好向弟弟家呼救。

二商聽到大嫂的喊叫聲，立刻想去救援，妻子把他攔住，大聲對嫂嫂說：「兄弟已經分家，有禍各自承受，誰也顧不了誰呀！」沒多久，無賴就破門而入，把大商夫妻倆抓起來，用燒紅的鐵炮烙他們，淒厲慘叫聲不斷。

二商不忍心地說：「他們雖然無情，但哪有看著哥哥被殺死而不去救的！」說完，便帶著兒子翻過隔牆，大聲喊著逮人。

二商父子本來就相當強猛，左鄰右舍都知道；無賴們怕會引來鄰人支援，就四散逃離。

二商看到大哥大嫂的雙腿都被燙焦了，趕快把他們扶到床上躺下，又把大商家的奴僕叫過來照料後才回家去。

大商夫婦雖然受到酷刑，銀錢卻完好無失。大商對妻子說：「今天我們能保住財產，全是弟弟的功勞，應該分一些錢給他才對。」

妻子卻說：「你要是有個好兄弟，就不至於受這種苦了！」大商只能把話給吞了。二商家已經連糠菜都沒得煮了，本以為哥哥會送點東西來報答他的出手相救，可是一等再等，也沒半點消息。

二商的妻子等不下去了，就叫兒子拿著一個袋子去借糧，結果只借得一斗糧回來。二商妻子嫌少，氣得要兒子還回去，二商勸住了。

過了兩個月，二商家窮得實在過不下去。二商說：「如今走投無路了，不如把房子賣給大哥。大哥若怕我離他而去，或許不會買下我們的房產，因而接濟我們。就算不是這樣，賣屋的十幾兩銀子，至少可以勉強度日啊！」妻子只好同意了，就讓兒子拿了房契去找大伯。

大商把這事告訴妻子，說：「就算弟弟不仁，也是我的手足。如果他們離開，我們就孤立無援了，不如別收他們地契了，再周濟他們一點吧。」

妻子說：「這可不行，他們用這招就是要威脅我們，如果你這麼做，不就正好中了他的圈套。世上沒有兄弟的人難道都死光了嗎？我們把圍牆加高，就足以自保；不如收下他的房契，讓他們去想去的地方過活，也好擴展我們的宅第。」協議好了，就叫二商在房契上簽字畫押，二商一家就拿著房款離開了。

隨著二商搬到鄰村，鄉裡那幾個無賴一聽說二商走了，馬上又來搶劫；抓住大商不斷鞭打、用盡毒刑，大商只好傾盡財物來贖命。盜賊臨走時，還把大商家的米倉打開，呼喚村里的窮人隨便拿取，片刻之間米倉就被搬空了。

隔天，二商才聽說此事，立刻趕來探望，但大哥已經神智不清，不能說話了。他勉強睜開眼，看見弟弟來了，只能用手抓著床席，不一會兒就死了。

二商忿怒地告到官府，可是強盜早已逃逸無蹤，逮不到人了。那些搶米糧的都是村中的窮人，官府對他們也莫可奈何。

大商留下的小兒子才五歲，自從家中發生變故之後，便常常跑到叔叔家，一住好幾天不回去，送他回家，就哭個不停。

二商的妻子對這孩子沒有好臉色，二商說：「他的父親不義，但孩子又有何辜呢？」就到街上買了幾個蒸餅，再送姪子回去。過了幾天他又背著妻子，偷偷地拿了一斗米送去給大嫂，讓她餵飽兒子。就這樣，經常接濟他們母子。

又過了幾年，大嫂賣掉了他們家的田產，母子生活不成問題了，二商才不再過去。

一年後鬧饑荒，路上隨處可以看見餓死的人，二商家裡吃飯的人多了，無法再照顧別人。

姪子這年只有十五歲，年紀小，身體又弱，不能做粗活。二商就讓他提個籃子，跟哥哥們一起賣燒餅。

有天晚上，二商夢見大哥來了，神情悲戚地說：「我被老婆的話所蒙蔽，埋沒了手足情義，你能不計前嫌寬宏大度，更讓我無比慚愧。被賣掉的舊家，如今還空著，你就搬去住吧！屋後亂草下的地窖裡有藏了些銀子，把它拿出來，也能衣食無虞了。就讓我的兒子跟著你，至於我那長舌老婆，我恨死她了，你不必管她。」

二商醒來以後，感到很詫異，就出高價跟新屋主要回房子。住進去以後，果然在屋後挖出了五百兩銀子。從此不再做小買賣，讓兒子和姪子在市集裡開了一家店鋪。

姪子非常聰明，記帳算錢不曾出錯，為人也很誠實正直，連一文錢的收支也都據實以告，二商更加疼愛這個姪兒。

有一天，姪子哭著求叔叔給他母親一點米，二商的妻子不想給。二商看在姪子的一片孝心，按月發給大嫂家一些錢糧。幾年之後，二商家境也愈來愈富裕了。後來，大嫂生病死了，二商夫婦也老了，才跟姪子分開，把一半的家產的分給了姪兒。

別把生意之路愈走愈窄

在這個故事中，我想跟大家分享的是互利的重要。

它不僅是在手足、人際之間，也適用於商場上。親兄弟明算帳是大家都懂的道理，但兄弟朋友有急有難，完全不伸援手其實是說不過去的。我認為在能力許可的範圍內幫他人一把，是為自己的未來鋪一條隱形之路，現下或許看不到，但當你有需要的時候，那條路就會浮現出來。

先說一個故事。

我有位病人早年開花店，他說在十幾年前曾受託幫一家公司的活動會場做花藝布置，跟他聯絡的是總務小姐（說難聽一點，就是包辦各種雜事的）。他那天非常用心地完成布置工作，總務小姐請他隔天到公司請款。隔天他發現那家公司大門深鎖，沒有人應門，趕緊打電話給那位總務小姐。

只聽見那位小姐邊哭邊說：「我們老闆跑路了，我連薪水都沒領到，我也不知道怎麼辦……」

這個病人眼看這筆帳是要不回來了，也不可能跟那位小姐要，因為她也是受害者。他決定自認倒楣，趕快打起精神幹活，不讓這件事影響其他生意。他還反過來安慰那位小姐，叫她想開一點，快去找下一份工作比較重要。

那位小姐哭著跟他道歉，什麼話都說不出來。

日子匆匆而逝，他也慢慢淡忘這件事。大概三、四年後，他又接到這個女生的電話，但他根本不記得這個人了。

女生很誠懇地說，她就是當年讓他造成呆帳的那位總務小姐，現在在一家很有規模的公關公司工作，因為要辦活動，請我的病人去幫忙做展場的花藝布置。她還特別強調，他們公司會先付訂金，尾款也會在活動結束後結清，請他放心。

因為這次的合作讓這家公司非常滿意，後來他的花店變成了他們的口袋名單，很多大型活動都找他，也讓他接到不少大生意。

他說自己沒有料到會有這麼奇妙的機緣，要是當年只是一味地指責那個小姐，甚至逼她負責的話，後來就不是這樣的結果了。

留一條路給別人走，自己也會有好報。

商場上這樣的事也屢見不鮮，如果做生意總是抱持著「既要……又要……」的態度，一點利益都不肯退讓，很可能會把路愈走愈窄，甚至斷送生財之道。你必須適時地讓一些利益給對方，只有大家都好，生意才能做得久、走得遠。

國際大公司現在也都朝向與對手企業維持既競爭又合作的關係，看看台積電與蘋果及英特爾之間的關係就可明白。如果只是一味競爭搶單，很可能造成兩敗俱傷；這當中當然還涉及複雜的政治問題，但不可否認的，只有互利，彼此才能長久共存。

回頭來看這個故事，如果做大嫂的有點度量，給窮困的小叔救急，個性知恩圖報的二商，一定會幫忙護衛大哥一家的安全，也不至於發生財產被洗劫一空，甚至賠上性命的慘事。

互利並不是要你放棄全部的利益，只是在大家都能得到好處的狀況下退一小步罷了。你還是有賺，只是沒賺那麼多，但對方會因為你讓出利益，反而更感謝你，想跟你維持長久的關係。

在未來的商業世界裡，分工勢必更加細密，沒有人能單打獨鬥地闖蕩江湖；唯有懂得「互利」才能「共生」，在複雜的環境中殺出一條血路，並且長久生存下來。

那些過於斤斤計較或只想著讓自己獨占利益的經營者，終將被這個市場無情地淘汰。

14

小氣成不了大器：對金錢的態度愈寬容，愈能招來財運

〈僧術〉

〔原文〕

黃生，故家子，才情頗贍，夙志高騫。村外蘭若，有居僧某，素與分深。既而僧雲遊，去十餘年復歸。見黃，歎曰：「謂君騰達已久，今尚白紵耶？想福命固薄耳。請為君賄冥中主者。能置十千否？」答言：「不能。」僧曰：「請勉辦其半，餘當代假之。三日為約。」黃諾之。竭力典質如數。

三日，僧果以五千來付黃。黃家舊有汲水井，深不竭，云通河海。僧命束置井邊，戒曰：「約我到寺，即推墮井中。候半炊時，有一錢泛起，當拜之。」乃去。黃不解何術，轉念效否未定，而十千可惜。乃匿其九，而以一千投之。少間，巨泡突起，鏗然而破，即有一錢浮出，大如車輪。黃大駭。既拜，又取四千投焉。落下，擊觸有聲，為大錢所隔，不得沉。

日暮，僧至，譙讓之曰：「胡不盡投？」黃云：「已盡投矣。」僧曰：「冥中使者止將一千去，何乃妄言？」黃實告之。僧歎曰：「鄙吝者必非大器。此子之命合以明經終；不然，甲科立致矣。」黃大悔，求再禳之，僧固辭而去。黃視井中錢猶浮，以綆釣上，大錢乃沉。是歲，黃以副榜準貢，卒如僧言。

有位姓黃的書生是官宦世家的子弟，頗有才情，也抱持鴻鵠之志。他住的村子外有座蘭若寺，裡面住著一位僧人，與黃生素有交情。後來僧人四處雲遊，過了十多年才回來。

他再次見到黃生，感歎地說：「我以為你早該飛黃騰達了，怎麼到現在還是一介平民百姓呢？想來你的運勢很差呀，請讓我為你賄賂陰間的神祇，好幫你開個運。這需要一點本錢，你能給我十千銀錢來辦事嗎？」

黃生回答：「我沒有這麼多錢。」

僧人又說：「那你勉強籌措一半吧，其餘的我先墊付，我們就約定三天後來作法。」

黃生答應了，回家後把所有值錢的東西拿去典當，勉強湊足了數目。三天後，僧人果然拿了五千錢來交給黃生。

黃家舊時有一口水井，這井深不可測，有人說井底通往河川。僧人讓黃生把錢捆好放在井邊，並叮囑他：「等我到了寺裡之後，你就把錢推下井內。大概半頓飯的時間，井裡會有一個大錢浮出來，你趕快拜它。」說完，就往蘭若寺走去。

黃生不知這是什麼法術，轉念一想，靈不靈驗還不一定，如果把十千文錢都投進井中，未免太可惜了，於是決定把九千文錢先藏起來，只投進了一千文錢。

沒多久，井裡突然冒起了一個大水泡，鏗的一聲破了，接著就有一枚錢浮了出來，像車輪一樣大。

黃生非常害怕，趕緊跪拜，然後又拿了四千文錢投進去，卻發出撞擊聲。原來是被大錢阻隔著，沒辦法沉下去。

日落之時，僧人回來了，責問黃生：「你為什麼沒把錢全部投進去？」

黃生說：「有啊，我全都投進去了。」

僧人說：「陰間使者只拿了一千文錢，為什麼要說謊騙我？」

黃生只得據實以告。

僧人歎氣說：「小氣吝嗇的人果然成不了大器，你的命注定到老也就是個讀通經書的貢生，否則立馬就能高中進士了。」

黃生感到無比後悔，央求僧人再幫他施行一次法術，僧人堅定拒絕後離去。

黃生看到投入井中的四千文錢還浮在那兒，把它們全撈上來，這枚錢又沉下去了。

果然如同僧人所說的，這一年，黃生只考了個副榜貢生，之後再無法考取進士，直到終老。

這是個機關算盡反誤事的故事。只是誤的不是性命，而是自己的功名仕途。

用長期眼光看待投資，別指望一夜致富

很多人喜歡自作聰明，也以為自己夠聰明，所以即使有更簡單、更不花腦力的方法時，寧願相信自己有能力做得更好，結果常常證明了白忙一場。

對於投資股票，很多專家都已經告訴我們：定期定額、長期持續買進，就是最佳的獲利法則。但真的遵循這個法則來投資的人還是少數。為什麼呢？其中一個原因當然是覺得這樣的獲利太少，也不夠快；另一個原因則是沒有博一把的快感，感覺太乏味。他們相信自己可以買低賣高賺價差，一支股票停板就10％了，幹麼白白耗時間，平均一年下來才賺個6、7％？

但除非你是神，能準確的預測漲跌，否則當突如其來的黑天鵝或瘋狗浪襲擊，很可能前九次賺的錢都不夠這一次來賠；而且這樣頻繁的交易，其實也增加了很多交易成本，東扣西扣之後，投報率未必如想像的高。再

加上你為了把握買賣的時機，勢必需要緊盯著盤面，除非是專業投資人，如果平常還有正職要做，如何能專心工作？

我曾經看過一位耳鼻喉科開業醫師，在診間天花板掛了一臺電視，播放的卻是股市行情臺。他在問診的同時，餘光還不時瞄向電視螢幕，真擔心他會因為分神而給錯藥。

每次我鼓吹大家應該定期定額長期持續投資的時候，總有些不同的聲音出現，說年輕人不該這麼保守，他們能承受比較高的風險，應該要多主動投資，而不是一直想著領被動財。說實在的，我沒有那麼認同。

誰說年輕人能承受高風險？萬一一次押錯就畢業，有多少時間一直耗在累積第一桶金？如果可以穩穩地累積財富，為何要一直與大風大浪搏鬥？把省下的時間與精力去做自己喜歡的事，難道比整天提心吊膽、吃不好睡不著，更不值得追求？

投資是個千古難題，讓人目眩神迷，很多人的心態還是：忘了痛或許可以，忘了投機太不容易。人生已多風雨，真的無須用理財再來添一筆。

請不要忘了巴菲特是如何成為今日的股神，他可不是靠著不斷賭一把致富的，他的價值投資及長期持有才是關鍵因素。九十幾歲的他不是沒有年輕過，但我相信他不會因為年輕，就把自己置於險境當中。

想要招來財運，對金錢的態度必須寬容，而投資的腳步必須審慎。所謂寬容，是不要指望一投資就要馬上獲利；在投資的過程裡，短期波動是一定會有的正常現象，必須寬容以對。你真正應該著重的是長期效應，不要把投資當成賭博般下注，每一次的出手都是有憑有據。即使錯誤，也絕對不是盲目跟從的結果。

回到故事本身，黃生的保守或許不完全是錯的，至少可以安穩地度過一生；不是人人都想立志賺大錢、做大官，如果安於平凡，也沒什麼不好。最怕是明明沒有那個屁股，卻硬要坐上一把金交椅，摔得鼻青臉腫還算小事，粉身碎骨可就萬劫不復了。

15

世事如棋，局局詐：江湖險惡，別讓狩獵者有可乘之機

〈局詐〉

〔原文〕

某御史家人，偶立市間，有一人衣冠華好，近與攀談。漸問主人姓字、官閥，家人並告之。其人自言：「王姓，貴主家之內使也。」語漸款洽，因曰：「宦途險惡，顯者皆附貴戚之門，尊主人所託何人也？」答曰：「無之。」王曰：「此所謂惜小費而忘大禍者也。」家人曰：「何託而可？」王曰：「公主待人以禮，能覆翼人。某侍郎系僕階進。倘不惜千金贄，見公主當亦不難。」家人喜，問其居止。便指其門戶曰：「日同巷不知耶？」家人歸告侍御。侍御喜，即張盛筵，使家人往邀王。王欣然來。筵間道公主情性及起居瑣事甚悉。且言：「非同巷之誼，即賜百金賞，不肯效牛馬。」御史益佩戴之。臨別訂約。王曰：「公但備物，僕乘間言之，旦晚當有報命。」

越數日始至，騎駿馬甚都。謂侍御曰：「可速治裝行。公主事大煩，投謁者踵相接，自晨及夕，不得一間。今得少隙，宜急往，誤則相見無期矣。」侍御乃出兼金重幣，從之去。曲折十餘里，始至公主第，下騎祇候。王先持贄入。久之，出，宣言：「公主召某御史。」即有數人接遞傳呼。侍御傴僂而入，見高堂上坐麗人，姿貌如仙，服飾炳耀；侍姬皆著錦繡，羅列成行。侍御伏謁盡禮。傳命賜坐簷下，金椀進茗。主略致溫旨，侍御肅而退。自內傳賜緞靴、貂帽。

既歸，深德王，持刺謁謝，則門闔無人。疑其侍主未復。三日三詣，終不復見。使人詢諸貴主之門，則高扉扃錮。訪之居人，並言：「此間曾無貴主。前有數人僦屋而居，今去已三日矣。」使反命，主僕喪氣而已。

副將軍某，負資入都，將圖握篆，苦無階。一日，有裘馬者謁之，自言：「內兄為天子近侍。」茶已，請間云：「目下有某處將軍缺，倘不吝重金，僕囑內兄游揚聖主之前，此任可致，大力者不能奪也。」某疑其妄。其人曰：「此無須踟躕。某不過欲抽小數於內兄，於將軍錙銖無所望。言定如干數，署券為信。待召見後，方求實給；不效，則汝金尚在，誰從懷中而攫之耶？」某乃喜，諾之。次日，復來引某去，見其內兄，云：「適「姓田。」煊赫如侯家。某參謁，殊傲睨不甚為禮。其人持券向某曰：「適與內兄議，率非萬金不可，請即署尾。」某從之。田曰：「人心叵測，事後慮有反覆。」其人笑曰：「兄慮之過矣。既能予之，寧不能奪之耶？且朝中將相，有願納交而不可得者。將軍前程方遠，應不喪心至此。」某亦力矢而去。其人送之，曰：「三日即復公命。」

逾兩日，日方西，數人吼奔而入，曰：「聖上坐待矣！」某驚甚，疾趨入朝。見天子坐殿上，爪牙森立。某拜舞已。上命賜坐，慰問殷勤。顧左右曰：「聞某武烈非常，今見之，真將軍才也！」因曰：「某處險要地，今以委卿，勿負朕意，侯封有日耳。」某拜恩出。即有前日裘馬者從至客邸，依券兌付而去。於是高枕待綬，日誇榮於親友。過數日，探訪之，則前缺已有人矣。大怒，忿爭於兵部之堂，曰：「某承帝簡，何得授之他人？」司馬怪之。及述寵遇，半如夢境。司馬怒，執下廷尉。始供其引見者之姓名，則朝中並無此人。又耗萬金，始得革職而去。異哉！武弁雖騃，豈朝門亦可假耶？疑其中有幻術存焉，所謂「大盜不操矛弧」者也。

嘉祥李生，善琴。偶適東郊，見工人掘土得古琴，遂以賤直得之。拭之有異光；安絃而操，清烈非常。喜極，若獲拱璧，貯以錦囊，藏之密室，雖至戚不以示也。

邑丞程氏新蒞任，投刺謁李。李故寡交游，以其先施故，報之。過數日，又招飲，固請乃往。程為人風雅絕倫，議論瀟灑，李悅焉。越日，折柬酬之，歡笑益洽。從此月夕花晨，未嘗不相共也。年餘，偶於丞廨中，見繡囊裹琴置几上。李便展玩。程問：「亦諳此否？」李曰：「生平最好。」程訝曰：「知交非一日，絕技胡不一聞？」撥爐爇沉香，請為小奏。李敬如教。程曰：「大高手！願獻薄技，勿笑小巫也。」遂鼓《御風曲》，其聲泠泠，有絕世出塵之意。李更傾倒，願師事之。自此二人以琴交，情分益篤。年餘，盡傳其技。然程每詣李，李以常琴供之，未肯洩所藏也。一夕，薄醉。丞曰：「某新肄一曲，無亦願聞之乎？」為奏〈湘妃〉，幽怨若泣。李亟贊之。丞曰：「所恨無良琴；若得良琴，音調益勝。」李欣然曰：「僕蓄一琴，頗異凡品。今遇鍾期，何敢終密？」乃啟櫝負囊而出。程以袍袂拂塵，憑几再鼓，剛柔應節，工妙入神。李擊節不置。丞曰：「區區拙技，負此良琴。若得荊人一奏，當有一兩聲可聽者。」李驚曰：「公閨中亦精之耶？」丞笑曰：「適此操乃傳自細君者。」李曰：「恨在閨閣，小生不得聞耳。」丞曰：「我輩通家，原不以形跡相。明日，請攜琴去，當使隔簾為君奏之。」李悅。

次日，抱琴而往。丞即治具歡飲。少間，將琴入，旋出即坐。俄見簾內隱隱有麗妝，頃之，香流戶外。又少時，絃聲細作；聽之，不知何曲，但覺蕩心媚骨，令人魂魄飛越。曲終便來窺簾，竟二十餘絕代之姝也。丞以巨白勸釂，內復改絃為〈閑情之賦〉，李形神益惑。傾飲過醉，離席興辭，索琴。丞曰：「醉後防有磋跌。明日復臨，當令閨人盡其所長。」李歸。次日詣之，則廨舍寂然，惟一老隸應門。問之，云：「五更攜眷去，不知何作，言往復可三日耳。」如期往伺之，日暮，並無音耗。吏皂皆疑，白令破扃而竊其室，室盡空，惟几榻猶存耳。達之上臺，並不測其何故。李喪琴，寢食俱廢，不遠數千里訪諸其家。程故楚產，三年前，捐資授嘉祥。執其姓名，詢其居里，楚中並無其人。或云：「有程道士者，善鼓琴；又傳其有點金術。三年前，忽去不復見。」疑即其人。又細審其年甲、容貌，吻合不謬。乃知道士之納官，皆為琴也。知交年餘，並不言及音律；漸而出琴，漸而獻技，又漸而惑以佳麗；浸漬三年，得琴而去。道士之癖，更甚於李生也。天下之騙機多端，若道士，猶騙中之風雅者也。

有位御史的家僕某天在市街上閒逛，一位衣著體面的人過來跟他攀談。聊了一會兒，問到主人家的姓名、官職，僕人就告訴了他。這個人自我介紹，說：「我姓王，是一位公主家的貼身僕役。」兩人相談甚歡，王某說：「官場險惡，安身立命不容易，達官顯貴都會依附皇親國戚以求自保，不知你家主人依靠的是哪位貴族？」

僕人回答說：「沒有。」王某說：「吝惜這小錢可能會招致大禍呀！」

僕人說：「那依您說誰可以倚靠呢？」

王某說：「我們公主能以禮待人，可成為有力的靠山。某位侍郎就是由我幫忙引見，靠公主的門路升上去的。如果不惜以千金為禮，要見我們公主並非難事。」僕人喜形於色，問他家住何處，王某指著一戶大門說：「我們就同巷而住，您還不知道嗎？」

僕人回去告訴御史，御史非常高興，馬上張羅了豐盛的宴席，讓僕人去邀請王某來赴宴。

王某欣然赴宴，席間談起公主的性情、生活起居及習慣等細碎瑣事，講得十分詳盡，還說：「若不是看在身為鄰居的情誼，就算一百兩銀子，我也不會幫這個忙的。」御史因此更加心懷感激。

宴畢，大家做了約定。

王某說：「您且備妥禮金，我會找時機為您進言，很快就來給您報信。」

幾天之後王某才來，騎的馬匹非常駿美。他對御史說：「請趕快準備動身，公主要處理事情繁多，拜訪的人接踵而來，從早到晚不得閒。這會兒稍有點空檔，要見得趕緊些，錯過這個機會，想見她一面就遙遙無期了。」

於是御史帶著大筆銀兩，隨王某前往，東彎西拐走了十幾里路才來到公主家門口。御史下馬等候，由王某先拿禮金進去。

等了許久，王某出來，高聲宣告：「公主召見某某御史。」接著有好幾個人接遞傳呼。

御史彎著腰走進去，看見堂上坐著一個女子，貌美如仙，服飾華麗。侍女們都穿著綾羅綢緞，分列兩行，御史跪拜行禮後，公主下旨賜坐，用金碗送上好茶。

公主溫婉地說了幾句應酬的場面話，御史才恭敬起身退了出去，隨即堂內傳出公主賞賜綢緞靴子，貂皮帽子給來客。

御史回家後，深深感謝王某，帶著名片要去拜訪他，可是大門緊閉，無人應門。御史以為他正侍奉公主還沒回來，接連三天都無人在家，無法見到王某。御史只好派人到公主的府邸去詢問，只見大門深鎖，詢問鄰居，都說：「這間房子並沒有住著什麼公主，前些時候有幾個人租下這間房子，三天前就都搬走了。」這人回去向御史報告了實情，主僕二人頹喪不已。

某位副將軍帶著不少錢來到京城，想謀個加官晉爵，但苦於沒有門路。一天，有個穿皮衣的人騎馬來拜訪，自我介紹：「我的大舅子是皇上的貼身侍從。」喝過茶，這人說：「現在某處剛好有個將軍的職缺，如果願意花點錢，我請託大舅子在皇上面前替您多美言幾句，這個將軍就非您莫屬了，別人再有勢力也搶不走。」副將軍懷疑這人說大話，這人說：「此事您不需猶豫，我只想從大舅子那兒分取一點小錢，不會額外再跟您索取一分一毫。咱們講好價錢，立據為憑，等皇上召見後，再交付金錢；如果事不成，那所有的錢還在您手上，誰能從您懷中把錢搶去呢？」副將軍覺得言之成理，便高興地答應下來。

隔天，這人來帶副將軍去見他的大舅子，自稱姓田。田家美輪美奐猶如公侯宅邸。副將軍參拜時，田某態度高傲，不太有禮貌。這人拿著約定的文書對副將軍說：「剛才跟我大舅子商量，粗估非一萬兩銀子不可，請趕快在文書上簽字吧。」副將軍立刻就簽了字。

田某說：「人心難測，要是他事後反悔不給錢了呢？」這人笑說：「您想太多了，我們既然能給他官做，難道不能將他的官職再收回來嗎？況且朝中的將相多的是想來請託您還苦無機會的，將軍的未來前程還遠大著，應不至於卑劣到那種程度。」副將軍也再三發誓保證才離去。

這人送走副將軍時說：「三天之內就會給您報信。」過了兩天，夕陽正要西下時，有好幾個人邊跑進來邊喊著說：「皇上等著召見你呢！」

副將軍甚感驚異，跟著來人匆忙趕入朝廷。他看見天子坐在金殿上，護衛肅立兩旁，副將軍行叩拜禮後天子賜坐，對他殷切嘉勉，環顧左右地說：「朕聽說你異常英勇，今天見到果然名不虛傳，確實是個將軍之才！某處地勢險要，這個重責大任今天朕就交給你了，希望不要辜負朕對你的一片信任。只要建功，封侯指日可待！」

副將軍拜謝聖恩後出宮。那位居中牽線的人隨即就跟他到旅館，依照約定取走了萬兩銀子。

副將軍自以為高枕無憂，就等朝廷授予新職，每天以此向親朋好友炫耀。過了幾天都沒消息，打聽之下，原本應允給他的那個將軍空缺已經有人補上了。

副將軍大怒，氣憤地到兵部大堂，上前質問：「我已得到皇上的任命，為什麼又將這個空缺授與別人？」

大司馬一頭霧水，副將軍把自己如何受皇上的召見恩典說了一遍，大司馬卻覺得他在作夢，聽了十分震怒，立即命人將副將軍抓起來，交付廷尉審問，他才供出引見他的那個人，可是朝中根本沒有他說的這個人。結果副將軍又花了一萬兩銀子，才得以革職而退。奇怪的是，武夫固然頭腦不太精明，但朝廷宮室也能造假嗎？想來其中應該是有幻術操弄。所謂「大盜不必刀槍弓箭」，真是一點也沒錯啊！

嘉祥縣有位李生，很會彈琴。有一天他偶然經過東郊，看見工人挖土時挖到一張古琴，就用低廉的價錢買了下來。他擦拭之後，琴竟發出奇異的光彩；安上琴絃彈奏，聲音清脆剛烈。

李生十分滿意，如獲至寶，把琴裝在錦囊中，藏在密室裡，即使是至親好友也不輕易展示。

這時有位姓程的縣丞新上任，帶著名片來拜訪李生。

李生很少與人交往，但由於是人家主動拜訪，所以也禮貌性的回訪。過了幾天，程某又來邀李生飲酒，李生就去了。程某風流倜儻，言談不落俗套，李生頗有好感，第二天就寫了一封信給程某表達謝意。從此兩人往來更加頻繁，談笑風生，相處極為融洽，幾乎到了形影不離的地步。

一年多的時間過去，李生偶然在程縣丞公堂上看見一張裝在錦囊裡的琴，就打開來把玩。程某問他：「您會彈琴嗎？」

李生說：「這是我平生最喜好的娛樂。」

程某驚訝地說：「我們交陪也不是一天兩天了，您怎麼都不讓我領教一下你的絕技呀！」於是他把爐火撥燃，點上沉香，請李生小奏幾曲，李生也就恭敬不如從命了。

程某說：「您的琴藝真是太高超了呀！我也來獻醜幾曲，雕蟲小技請勿見笑。」於是他彈奏了〈御風曲〉，琴聲激揚清越，有著世間少有的脫俗，讓李生為之傾倒，想拜程某為師。

從此，兩人又成了琴友，情誼更加深厚。

程某把他的琴藝都傳授給李生，但是程某每次去李生家授琴，李生都只拿普通的琴來使用，從不肯公開他所收藏的那把稀世古琴。

某天晚上，兩人喝得微醺，程某說：「最近我練了一首曲子，不知你願不願意聽聽看？」於是為李生彈奏了〈湘妃〉，這首曲子哀怨婉轉、如泣如訴，李生聽了極力稱讚。

程某說：「只恨我沒有一張好琴，若能有好琴來彈奏，音色會更勝一籌。」

李生興奮地說：「不瞞您說，我收藏著一把古琴，與尋常的琴大不相同。如今遇到您這樣的知音，是該把它拿出來一用了。」於是他走進密室，把包著琴的錦囊抱出來。

程某用衣袖拂去琴上的灰塵，放到桌上彈奏起來。這把琴的聲音剛柔並濟，美妙得出神入化，李生聽得如癡如醉，讚賞不已。

程某說：「我的技拙，實在辜負了這把好琴，若由內人來彈奏，倒還有一兩聲可入耳的。」

李生驚訝問道：「夫人也精於琴藝嗎？」

程某笑著說：「剛才這首曲子就是內人教我的呀。」

李生說：「只恨尊夫人身在閨閣之內，在下沒有耳福聆聽啊。」

程某說：「你我情同一家人，本就不該受這些俗世禮節的限制，明天請你帶琴到我家來，我讓她隔簾為你彈奏一曲。」

李生聽了非常期待，隔天就抱了琴去程府。

程某設宴款待，兩人暢飲之後，程某將琴抱入內室，再回宴席坐下。

這時李生隔著簾子隱約看見一位豔裝女子，一陣香氣飄了出來；接著輕柔的琴聲響起，李生不知是什麼曲子，只覺得心神蕩漾，飄飄欲仙。

聽完曲後李生偷偷往簾內瞧，是一位二十多歲的絕色佳人。

程某不停地勸酒，簾內女子改彈奏另一曲〈閒情之賦〉，李生的心思更受煽惑。他一時喝了太多而大醉，起身想告別回家，於是向程某要回古琴。程某說：「你醉成這樣，我怕你不小心把琴給摔壞，不如你明天再來，我讓內人把她的絕技一次展現出來。」

李生直接回家。第二天他再去拜訪程某時，府裡卻寂靜無聲，只剩一個老僕看門。

一問之下，老僕說：「縣丞五更時分帶著家眷走了，不知去處，只說回來大約要三天。」

三天之後李生又去程府門前等候，但等到太陽下山，也沒半點音訊。公堂裡的官吏衙役們也都懷疑出了事，請求縣令破門進去看看。一進去只見室內已空無一物，只剩下幾張桌椅床榻；回報給縣令，他也猜不出是怎麼回事。

李生失去了古琴，吃不下也睡不著，不辭千里到了程某的家鄉尋訪。程某三年前花錢捐了嘉祥縣丞的官職，李生拿著程某的姓名四處詢問，大家都說沒有這個人。又有人說：「是有個姓程的道士，很會彈琴，聽說他有點金的法術。三年前，這人忽然消失不見了。」

李生懷疑程某就是這名道士，又細問道士的年歲、相貌，都跟程某不謀而合。這時才明白程道士會買官，全都是為了得到這張古琴。

兩人相識相交一年多來，程道士完全沒有談到音律樂曲的事，漸漸把自己的琴亮出來，接著表現琴藝，最後以美女來誘惑。花了三年時間鋪陳，終於把琴騙到手。程道士對琴的癖好，該是比李生還要強烈許多。

天下的騙局無奇不有，這位程道士可說是騙子當中的一位雅之士啊。

被「吸引力法則」吸引而來的嗜血者

這個三段式的故事，雖然都是設局詐騙，但手法有些不同。前兩段都有一個穿針引線的角色，第三段則是本人親自上陣。不過，不管哪一種手法，其實在現在這個時代也十分常見。

有項研究做過統計，他們發現有錢人的確比較容易被騙。因為有錢人很肯為想要的東西砸錢，只要有人能提供，他們會不惜重金取得，也因此常成為設局者眼中的肥羊。

我最近聽到的一個騙局是有個知名的成衣廠老闆，在他的前特助居中牽線之下，認識了一個擔任旅行社票務的女業務，聲稱可以用買機票賺價差的方式投資，還說她有管道可以進行投資移民，獲利報酬率平均48％。

如果你覺得這個叱吒商場數十年的老闆怎麼還會被騙？那只能說這個居中牽線者實在太了解前老闆，也太會博取他的信任，才會一步一步地讓這位董座掉進了陷阱裡。

你知道他被騙了多少錢嗎？前前後後加起來將近五十億臺幣！勾結的兩人把這個老闆拿出來投資的錢又撥了一部分當成獲利退還給老闆，讓他以為真的有賺到錢，於是又拿出更多的錢來投資，其實拿回的獲利根本都是自己的錢。直到這個老闆過世了，都還不知這兩個人一直在吸他的血、割他的肉，是老闆的子女清算遺產時才發現這個天大的陰謀。

這些負責居中當仲介的人都有個共同的特色：非常有耐性。

他們知道要騙的對象不是那麼容易上鉤，但一定是條大魚，所以會花加倍的時間慢慢磨，先取得受騙者的信賴，等時機成熟才下手。在這個交陪親近的過程中，他們會找出受騙者的需求與弱點，再針對這兩項下功夫；所以他們最大的成本就是時間與耐心。

我還聽過另一個例子，是一個骨董商被熟客所騙的故事。既是熟客，當然比較沒有戒心。

熟客說他常幫政府官員替故宮博物院物色骨董，他想把這骨董商的所有骨董一次買下，還可再退一成佣金給老闆。

老闆心想這人是熟客了，應該不會有問題，居然完全不求證（故宮博物院會隨便託一個人在骨董市集掃貨？），就直接收下支票，讓熟客把貨搬光光。結果支票跳票了，骨董也沒了，只能報警抓人。

江湖險惡，狩獵者總是在暗處虎視眈眈，而肥羊永遠站在明處。明槍易躲、暗箭難防，你想成功，覬覦你的財富的人也想成功，端看你能否比他有更強的警覺心。

這些年很多心理勵志書都在提倡「吸引力法則」，只要朝著自己的目標前進，用正面的態度告訴自己一定會成功，就會在努力的過程中把機會慢慢吸引過來，最後達成目標。這當然是正面效應，但是當你一心想望著某種好處利益時，其實也會吸引一些不懷好意的人靠近。他們嗅到了你的想望，也感受到你的急切，於是你相信著自己會往目標靠近，他卻也亦步亦趨，往自己的成功目標邁進，但這結果顯然不是雙贏，而是你的目標成了他的墊腳石。

會不會被設局，取決於你展現出來的企圖心。你的想望過於明顯外露，設局者愈容易找上門，因為你已明白的揭示了自己就是一塊大肥肉，怎麼不讓有心人垂涎眼紅？如果這樣的鋒芒實在掩藏不住，那至少也要做好查證的功夫，很多事都經不起查，只怕你懶得做。當貪婪遇上懶惰，就是被設局最好的溫床，這個不成功，也一定會有下一個。而你的渴望，也讓虎視眈眈的狩獵者有了可乘之機。

16

鐵口直斷的女巫：順勢而為，水到渠成

〈錢卜巫〉

〔原文〕

夏商，河間人。其父東陵，豪富侈汰，每食包子，輒棄其角，狼藉滿地。人以其肥重，呼之「丟角太尉」。暮年，家綦貧，日不給餐；兩肱瘦，垂革如囊，人又呼「募莊僧」，謂其掛袋也。臨終謂商曰：「余生平暴殄天物，上干天怒，遂至凍餓以死。汝當惜福力行，以蓋父愆。」

商恪遵治命，誠樸無二，躬耕自給。鄉人咸愛敬之。富人某翁哀其貧，假以資，使學負販，輒虧其母。愧無以償，請為傭。翁不肯。商瞿然不自安，盡貨其田宅，往酬翁。翁請得情，益直之，強為贖還舊業；又益貸以重金，俾作賈。商辭曰：「十數金尚不能償，奈何結來生驢馬債耶？」翁乃招他賈與偕。數月而返，僅能不虧；翁不收其息，使復之。年餘，貸資盈輦，歸至江，遭颶，舟幾覆，物半喪失。

歸計所有，略可償主。遂語賈曰：「天之所貧，誰能救之？此皆我累君也！」乃稽簿付賈，奉身而退。翁再強之，必不可，躬耕如故。每自歎曰：「人生世上，皆有數年之享，何遂落魄如此？」會有外來巫，以錢卜，悉知人運數。敬詣之。巫，老嫗也。寓室精潔，中設神座，香氣常熏。商卜朝拜訖，巫便索資。商授百錢，巫盡內木筒中，執跪座下，搖響如祈籤狀。已而起，傾錢入手，而後於案上次第擺之。其法以字為否，幕為亨；數至五十八皆字，以後則盡幕矣。遂問：「庚甲幾何？」答：「二十八歲。」巫搖首曰：「早矣！官人現行者先人運，非本身運。五十八歲，方交本身運，始無盤錯也。」問：「何謂先人運？」曰：「先人有善，其福未盡，則後人享之；先人有不善，其禍未盡，則後人亦受之。」商屈指曰：「再三十年，齒已老耄，行就木矣。」巫曰：「五十八以前，便有五年回國，略可營謀；然僅免寒餓耳。五十八之年，當有巨金自來，不須力求。官人生無過行，再世享之不盡也。」別巫而返，疑信半焉。然安貧自守，不敢妄求。後至五十三歲，留意驗之。時方東作，病痁不能耕。既痊，天大旱，早禾盡枯。近秋方雨，家無別種，田數畝悉以種穀。既而又旱，蕎菽半死，惟穀無恙；後得雨勃發，其豐倍焉。來春大饑，得以無餒。商以此信巫，從翁貸資，小權子母，輒小獲；或勸作大賈，商不肯。迨五十七歲，偶葺牆垣，掘地得鐵釜；揭之，白氣如絮，懼不敢發。移時氣盡，白鏹滿甕。夫妻共運之，稱計一千三百二十五兩。竊議巫術小舛。鄰人妻入商家，窺見之，歸告夫。夫忌焉，潛告邑宰。宰最貪，拘商索金。妻欲隱其半。商曰：「非所宜得，留之賈禍。」盡獻之。宰得金，恐其漏匿，又追貯器，以金實之，滿焉，乃釋商。居無何，宰遷南昌同知。逾歲，商以懋遷至南昌，則宰已死。妻子將歸，貨其粗重；有桐油如乾簍，商以直賤，買之以歸。既抵家，器有滲漏，瀉注他器，則內有白金二鋌；遍探皆然。兌之，適得前掘鏹之數。

商由此暴富，益贍貧窮，慷慨不吝。妻勸積遺子孫，商曰：「此即所以遺子孫也。」鄰人赤貧至為丐，欲有所求，而心自愧。商聞而告之曰：「昔日事，乃我時數未至，故鬼神假子手以敗之，於汝何尤？」遂周給之。鄰人感泣。後商壽八十，子孫承繼，數世不衰。

河間縣有位叫夏商的人，他的父親東陵非常富有，生活也極度豪奢。每次吃包子時總把邊角捨棄不吃，弄得滿地狼藉。人們因為他長得肥胖，就叫他「丟角太尉」。

到了晚年，他們的家境變得十分貧窮，每天三餐都成問題，兩條胳膊瘦到皮膚嚴重鬆弛，像是兩條懸掛的袋子，因此人們又叫他「莊裡的化緣和尚」，取笑他手臂上掛著化緣布袋。

臨終之前，他對夏商說：「我平生糟蹋太多好東西，得罪了老天爺，以至於飢寒交迫而死。你應當愛物惜福、努力行善，以彌補我的罪過。」

夏商謹遵父親的遺願行事，誠懇樸實，靠著耕種自給自足。鄉人們都很喜歡且敬重他。

有個富翁可憐他家境清貧，借了些錢讓他學做生意，但他總是沒賺到錢還賠本，無法還錢給老翁，因此感到慚愧。他要求富翁讓他做長工抵債，但老翁不肯。

夏商良心不安，把家裡的田產賣了，拿去還給老翁。

富翁看他這般老實，更加疼惜他，堅持要幫他贖回田產，又借給他更大筆的錢，讓他開店謀生。

夏商連忙推辭：「我連十多兩銀子都還不起了，怎麼能欠下來生要做牛做馬才能償還的債呢？」富翁就邀集了其他商賈與他一起去做生意。幾個月之後回來結算，只能保有本金，沒有任何盈餘。

富翁不收他任何利息，叫他再繼續做下去。

一年多之後，夏商終於賺了錢，而且賺了滿滿一車。但就在乘船回家的途中，竟遇上暴風雨，船差點就翻了，貨物也因此損失了一半。

回來後一算，錢只夠還老翁的本息，便對同行的商人說：「上天注定要讓我過清貧的日子，誰能奈何呢？我非常慚愧，都是我連累了你們！」

就把清算好的帳簿交付給同行的商人，然後離去。

老翁還想讓他再去做生意，他堅決不肯，回去過耕地種田的生活。他常感歎地說：「人在世上都有幾年的好光景，為何我會這麼落魄潦倒呢？」

有一回，外地來了一個巫師，精通用錢占卜，據說能算出人的運勢。

夏商很虔誠地前去問卜，一看才發現這位巫師是個老太婆。她的屋子收拾得精緻整潔，房中的神壇常常香氣氤氳。

夏商進去拜完後，女巫師便向他要錢。

夏商給了她一百錢，女巫把錢丟進木筒裡，然後拿著木筒跪在神座前搖著木筒，像是在求籤。一會兒她又起身，把錢倒在手中，然後在桌上依序擺放。

她的占卜方法就是錢幣上有字的一面表示壞運，無字的一面表示好運。結果數了五十八枚銅錢都是有字的那面，之後全是無字的。

女巫問夏商：「今年幾歲了？」

他回答：「二十八歲。」

女巫搖頭，說：「那還早呢！官人現在走的是先人之運，不是你本人的運。你要到五十八歲才會走到本身的運勢，那時才會一切順遂。」

夏商問：「什麼是先人運呢？」

女巫說：「先人種下善因，而他的福還沒用完，後人才能接著享福報；若先人有種惡因，他受的禍還沒受盡，那麼後人就會接著承受。」

夏商屈指一算，說：「再過三十年才走自己的運，到那時我也老了，差不多要進棺材了呀。」

女巫說：「五十八歲以前，你會有五年平順，可以做點小買賣，但也就是不用擔心挨餓受凍而已。到了五十八歲那年，自然會有一大筆財富進來，不需努力謀求。你一生沒有什麼不良紀錄，下輩子會有享不完的福分。」

夏商對她所說的半信半疑，告別女巫回到家裡後，依舊安於貧困，謹守本分，不敢有非分之想。

到了五十三歲時，夏商想到當年女巫所說的話，想要印證是否應驗。

這一年春耕時節，他生了一場病，無法下田耕作。好不容易病好了，天又久旱不雨，所種的農作物都乾枯了。一直到了初秋才下起雨，家裡沒有別的種子，幾畝田只能種粟米。

因為大旱，其他人種的蕎麥、豆類幾乎都枯死了，只有他的粟米完好無事。大雨之後，農作物更加蓬勃生長，得到了加倍的收成。

隔年春天鬧饑荒，他家因為豐收完全不缺糧，於是相信女巫所說的話。他從富翁那裡借了些錢做小本生意，有了小小的獲利；有人勸他去做大買賣，他堅決不肯。

到了五十七歲那年，他在修補圍牆時，從地下挖出了一只鐵鍋；打開一看，竟飄出一陣白霧，嚇得他不敢亂動。過了一會兒，白霧散去，居然是一甕白花花的銀子。

夏商夫妻合力將它們搬回去，一稱，共有一千三百二十五兩。他們認為女巫的預言略有出入，因為夏商還不到五十八歲就發大財了。

這時，一位鄰居婦人正好來他們家串門子，看到這些銀子，就回去告訴自己的丈夫；丈夫很是妒嫉，跑去向縣太爺告發。

縣太爺是個大貪官，立刻把夏商給拘禁起來，想要勒索銀子。

夏商的妻子想留下一半銀子，夏商卻說：「這不是我應得的，留下只會惹出大禍。」於是，他們把銀子全都上繳。

縣太爺拿了銀子，唯恐夏商還有所保留，又跟他索討裝銀子的陶甕，看到銀子裝滿，才放了夏商。

不久之後，縣太爺就轉任南昌。

一年後，夏商來到南昌做生意，沒想到那位縣太爺已經死了。

縣太爺的老婆為了回老家，便把一些笨重的東西賣了，其中好幾簍桐油因為價錢便宜，夏商便買了下來。

回家之後，他發現有一簍桐油有些滲漏，便將桐油倒進另一個容器。倒完油，發現那簍裡藏有兩錠大元寶，再查看其他幾簍桐油，也是如此。算算這些元寶的金額，正好跟去年他挖出的銀兩一樣多。

夏商從此成了巨富，但他經常慷慨解囊，賑濟那些貧困人家，毫不吝嗇。

妻子勸他留些錢給子孫，夏商卻說：「我這樣做，正是為了要給兒孫留下遺產呀。」

那位向縣令告密的鄰居後來窮到成了乞丐，想向夏商乞討一些錢，但自覺理虧慚愧。

夏商知道後，對他說：「當年是因為我的時運未到，所以鬼神透過你的手來阻止我，跟你有什麼關係呢？」不計前嫌地接濟了他，鄰居感激得哭了起來。

後來夏商活到八十歲，子孫們繼承了他的餘蔭，接連幾代都興盛不衰。

積善之家必有餘慶，是富商持盈之道

在商場上打過滾的人都很明白，從商者的頭腦精不精固然重要，但運氣好不好也占了成功的重要比例。

你可以去調查一下，前百大企業的老闆裡，有多少人會請命理老師來算運勢、看風水，指點迷津？相信這數字會遠超過你的想像。

我不是鼓吹大家迷信，但若這些成功的企業家都信這一套，必然有其道理。運勢說起來很抽象，但卻又能夠明確感受得到：當運勢好的時候，連風都像在推著你跑；運勢差的時候，吞個口水都可能嗆到。

在商場上打滾過的人都知道，從商者的頭腦精不精明固然重要，運氣好不好，也攸關生死。

如果要以科學的思維來解釋，其實不脫一個核心道理：為富要仁。為富不仁，意味著你有福分賺大錢，卻沒福氣享受，因為這份福氣被你大把虛擲了。

當時勢不站你這邊，財富再多往往也守不住。

很多命理大師會說那是氣數被耗盡，氣數是要循著時序節氣來運行才會趨吉避凶。運用在商業上就是順天應人、廣結善緣，才能化險阻為柳暗花明，吸引貴人適時出現。

白話地說，就是順勢而為。商場上的敗筆，有時候是落在明知不可為而為之。如果你明知道這樣做有很大的阻礙，卻為了爭一口氣或證明自己很行，一意孤行，結果樹敵無數，每個人都在等著看笑話，自然容易走向挫敗。

逆水行舟當然比不上順水推舟，最好有人幫你把船擺對位置，而你只須等待時機；一旦水到渠成，也就一路順風。

放眼國內外的富豪們，很多人都有自己的慈善基金會，像比爾·蓋茲、華倫·巴菲特、張忠謀、富邦集團的蔡家……不勝枚舉。

你可能會說此舉是為了節稅，但節稅的方式有很多，大可利用其他方式，何必一定要做慈善？因為慈善事業可以累積好的名聲，得到更多人的關注。當然，也可以為自己及後代子孫攢下福報。

這些企業家深信「積善之家，必有餘慶」的道理，可以抵銷很多不經意的惡業。

在爾虞我詐的商場中，難免傷害到其他人的利益。就算無心之過，傷害也已經造成，在心理學上也可能留下不安的陰影。所以，從某種程度上來看，做善事可以視為購買「贖罪券」的行為。它讓很多大富豪們晚上不必靠安眠藥入睡，或是不被噩夢驚醒。

不論東西方，大企業家們在積善這件事上是非常有志一同的。他們或許聽不進什麼成功致富的大道理（因為他們本身就是成功人士，自己的奮鬥史就是活道理），但絕對相信「善惡終有報」，這就是人性。

回到這個故事，夏商與老翁是善的代表，而夏商的父親、縣太爺與夏商的鄰居則是對照組，兩邊壁壘分明，下場一目了然。要說這是個警世寓言，也可以說是為商之道的潛規則。

17

有識人之明的富翁：貴人究竟從何而來？

〈富翁〉

〔原文〕

富翁某，商賈多貸其資。一日出，有少年從馬後，問之，亦假本者。翁諾之。至家，適几上有錢數十，少年即以手疊錢，高下堆壘之。翁謝去，竟不與資。或問故，翁曰：「此人必善博，非端人也，所熟之技，不覺形於手足矣。」訪之果然。

有位富翁，很多做生意的商人經常跟他借貸。

有天外出時，一位年輕人尾隨在他的馬後，一問之下，也是來借錢的。

富翁答應借給他，到了富翁的家裡，年輕人發現桌子上有幾十枚銅錢，就開始疊起銅錢來，疊成一堆堆高高低低，一看手法就是非常老練。富翁立刻謝絕這個年輕人，不借錢給他。

有人問富翁為什麼不借了？富翁說：「這個人必然很愛賭博，不是個正派的人。他所熟悉的技巧，不自覺就從手的動作表現出來了。」

有人暗自查訪了一下，果然與富翁所判斷的一樣。

你的一舉一動，顯示個人的價值

這個故事很簡短，卻很值得深思。你可曾想過，你可能在不知不覺之中就洩漏了個人訊息？

別以為這只是推理小說裡才會出現的情節，其實真實生活裡也可能會發生。例如在我的工作中就很容易從病人的小動作或身上的某些特徵而猜得到病人的職業。從他們填寫病歷資料的字跡判斷可能是老師，身上的油煙味可能是做餐飲業的，手上的黑油漬可能是做黑手的，臉上的髮渣可能是理髮師，如果有油漆氣味或油漆斑點可能就是油漆工，消毒水味很重的不是護理人員就可能是清潔人員……就連我們自己也常被人說身上有「牙科味」。

這些小事在平常的時候可能無足輕重，但在重要的場合裡，或許就會變成改變人生的重要關鍵。

我就曾聽到一位原本擔任空服員的患者，在某次航班服勤時，因為深得乘客滿意，而得到跳槽的機會。那位乘客是某科技公司的老闆，而她被挖角過去當了老闆的特別助理。那位老闆必然是看到這個空服員的細心與耐心，還有臨機應變的能力。

有位朋友跟我說過自己的親身經驗。她年輕時是記者，當年一位知名企業家的女婿發生婚外情，對象還是位當紅女藝人，緋聞鬧得滿城風雨，她被主管派去採訪這位知名企業家，想知道他的想法。

光想就知道這個任務的艱鉅，但她還是硬著頭皮上陣。

見到那位董事長時，她迂迴地先問了一些不相干的問題，想等氣氛稍微熟絡些後再切入正題。董事長聽完她的問題後說：「X小姐，妳今天應該不是為了其他事情來的，有話妳就直接問吧。」她訝異於老董的阿莎力，於是就單刀直入地切中核心，而董事長對於敏感問題也是有問必答，訴說著對女婿的極度不滿。

這時，她接到公司打來的電話，訪談遭到打斷，趕緊向老董致歉，暫退辦公室一隅接電話。

主管在電話那頭再三強調必須問到的問題，她只能不斷地說：「是、好，我知道。」當她結束通話回到董事長面前，老董對她說：「X小姐，我覺得妳的工作態度非常好，妳這輩子只要失業，都可以打電話給我，這是我的手機號碼。」

我的朋友受寵若驚，還懷疑這是不是老董慣用的伎倆，想要討好採訪的記者，幫忙美言。於是她問了另一位電視臺記者是否收到這樣的訊息，記者搖頭說沒有。

這件事讓她體會到：不要以為自己的做人處事沒有人在看，一定有人在暗中觀察。這種側面觀察往往比直接面試更能看出一個人的品格與敬業態度。

所以，不管你身在哪個位階，永遠不要認為自己的認真沒有意義，或以為沒人注意就隨便草率行事。你的一舉一動都代表了你這個人的價值，只要在某一個時刻，有人看到了你的價值，可能就是命運的轉捩點。

要知道，你的貴人永遠是你自己吸引而來的，不是天上掉下來的。

我們都希望自己的人生處處得到貴人相助，但其實很多時候，貴人是先看到了對方的優點或值得幫助的地方，覺得如果不出手拉他一把，實在太可惜了！所以才成就一樁美談。這是一種善的循環，曾受人點滴之恩，日後看到有需要的人，也會比較願意熱心地伸出援手，成為別人的貴人。

你愈願意當別人的貴人，生命裡自然會不斷有貴人出現。

18

千里牽良緣：傳賢不傳子，是企業永續經營之道

〈劉夫人〉

〔原文〕

廉生者，彰德人。少篤學；然早孤，家綦貧。一日他出，暮歸失途。入一村，有媼來謂曰：「廉公子何之？夜得毋深乎？」生方皇懼，更不暇問其誰何，便求假榻。媼引去，入一大第。有雙鬟籠燈，導一婦人出，年四十餘，舉止大家。媼迎曰：「廉公子至。」生趨拜。婦喜曰：「公子秀發，何但作富家翁乎！」即設筵，婦側坐，勸酹甚殷，而自己舉杯未嘗飲，舉箸亦未嘗食。生惶惑，屢審閥閱。笑曰：「再盡三爵告君知。」生如命已。婦曰：「亡夫劉氏，客江右，遭變遽殞。未亡人獨居荒僻，日就零落。雖有兩孫，非鴟鴞，即駑駘耳。公子雖異姓，亦三生骨肉也；且至性純篤，故遂靦然相見。無他煩，薄藏數金，欲倩公子持泛江湖，分其贏餘，亦勝案頭螢枯死也。」生辭以少年書癡，恐負重託。婦曰：「讀書之計，先於謀生。公子聰明，何之不可？」遣婢運資出，交兌八百餘兩。生惶恐固辭。婦曰：「妾亦知公子未慣懋遷，但試為之，當無不利。」生慮重金非一人可任，謀合商侶。婦曰：「勿須。但覓一樸愨諳練之僕，為公子服役足矣。」遂輪纖指一卜之曰：「伍姓者吉。」命僕馬囊金送生出，曰：「臘盡滌盞，候洗寶裝矣。」又顧僕曰：「此馬調良，可以乘御，即贈公子，勿須將回。」生歸，夜才四鼓，僕繫馬自去。

明日，多方覓役，果得伍姓，因厚價招之。伍老於行旅，又為人戇拙不苟，資財悉倚付之。往涉荊襄，歲杪始得歸，計利三倍。生以得伍力多，於常格外，另有餽賞，謀同飛灑，不令主知。甫抵家，婦已遣人將迎，遂與俱去。見堂上華筵已設；婦出，備極慰勞。生納資訖，即呈簿籍；婦置不顧。少頃即席，歌舞鞺鞳，伍亦賜筵外舍，盡醉方歸。因生無家室，留守新歲。次日，又求稽盤。婦笑曰：「後無須爾，妾會計久矣。」乃出冊示生，登志甚悉，並給僕者，亦載其上。生愕然曰：「夫人真神人也！」過數日，館穀豐盛，待若子姪。一日，堂上設席，一東面，一南面；堂下一筵向西。謂生曰：「明日財星臨照，宜可遠行。今為主價粗設祖帳，以壯行色。」少間，伍亦呼至，賜坐堂下。一時鼓鉦鳴聒。女優進呈曲目，生命唱〈陶朱富〉。婦笑曰：「此先兆也，當得西施作內助矣。」宴罷，仍以全金付生，曰：「此行不可以歲月計，非獲巨萬勿歸也。妾與公子，所憑者在福命，所信者在腹心，勿勞計算，遠方之盈絀，妾自知之。」生唯唯而退。往客淮上，進身為鹺賈，逾年，利又數倍。然生嗜讀，操籌不忘書卷；所與游，皆文士，所獲既盈，隱思止足，漸謝任於伍。桃源薛生與最善，適過訪之，薛一門俱適別業，昏暮無所復之。閽人延生入，掃榻作炊。細詰主人起居，蓋是時方訛傳朝廷欲選良家女，犒邊庭，民間騷動。聞有少年無婦者，不通媒妁，竟以女送諸其家，至有一夕而得兩婦者。薛亦新婚於大姓，猶恐輿馬喧動，為大令所聞，故暫遷於鄉。初更向盡，方將掃榻就寢，忽聞數人排闥入。閽人不知何語，但聞一人云：「官人既不在家，秉燭者何人？」閽人答：「是廉公子，遠客也。」俄而問者已入，袍帽光潔，略一舉手，即詰邦族。生告之。喜曰：

「吾同鄉也。岳家誰氏？」答云：「無之。」益喜，趨出，急招一少年同入，敬與為禮。卒然曰：「實告公子：某慕姓。今夕此來，將送舍妹於薛官人，至此方知無益。進退維谷之際，適逢公子，寧非數乎！」生以未悉其人，故躊躇不敢應。慕竟不聽其致詞，急呼送女者。少間，二媼扶女郎入，坐生榻上。睨之，年十五六，佳妙無雙。生喜，始整巾向慕展謝；又囑閽人行沽，略盡款洽。慕言：「先世彰德人；母族亦世家，今陵夷矣。聞外祖遺有兩孫，不知家況何似。」生問：「伊誰？」曰：「外祖劉，字暉若，聞在郡北三十里。」生曰：「僕郡城東南人，去北里頗遠；年又最少，無多交知。郡中此姓最繁，止知郡北有劉荊卿，亦文學士，未審是否，然貧矣。」慕曰：「某祖墓尚在彰郡，每欲扶兩櫬歸葬故里，以資斧未辦，姑猶遲遲。今妹子從去，歸計益決矣。」生聞之，銳然自任。二慕俱喜。酒數行，辭去。生卻僕移燈，琴瑟之愛，不可勝言。次日，薛已知之，趨入城，除別院館生。生詣淮，交盤已，留伍居肆，裝資返桃源，同二慕啟岳父母骸骨，兩家細小，載與俱歸。入門安置已，囊金詣主。前僕已候於途。

從去，婦逆見，色喜曰：「陶朱公載得西子來矣！前日為客，今日吾甥婿也。」置酒迎塵，倍益親愛。生服其先知，因問：「夫人與岳母遠近？」婦云：「勿問，久自知之。」乃堆金案上，瓜分為五；自取其二曰：「吾無用處，聊貽長孫。」生以過多，辭不受。悽然曰：「吾家零落，宅中喬木，被人伐作薪；孫子去此頗遠，門戶蕭條，煩公子一營辦之。」生諾，而金止受其半。婦強納之。送生出，揮涕而返。生疑怪間，回視第宅，則為墟墓。始悟婦即妻之外祖母也。

既歸，贖墓田一頃，封植偉麗。劉有二孫，長即荊卿；次玉卿，飲博無賴，皆貧。兄弟詣生申謝，生悉厚贈之。由此往來最稔。生頗道其經商之由，玉卿竊意冢中多金，夜合博徒數輩，發墓搜之，剖棺露胔，竟無少獲，失望而散。生知墓被發，以告荊卿。荊卿詣生同驗之，入壙，見案上纍纍，前所分金具在。荊卿欲與生共取之。生曰：「夫人原留此以待兄也。」荊卿乃囊運而歸，告諸邑宰，訪緝甚嚴。

後一人賣墳中玉簪，獲之，窮訊其黨，始知玉卿為首。宰將治以極刑；荊卿代哀，僅得賒死。墓內外兩家並力營繕，較前益堅美。由此廉、劉皆富，惟玉卿如故。生及荊卿常河潤之，而終不足供其賭博。一夜，盜入生家，執索金資。生所藏金，皆以千五百為個，發示之。盜取其二，止有鬼馬在廄，用以運之而去。使生送諸野，乃釋之。村眾望盜火未遠，譟逐之；賊驚遁。共至其處，則金委路側，馬已倒為灰燼。始知馬亦鬼也。是夜止失金釧一枚而已。先是，盜執生妻，悅其美，將就淫之。一盜帶面具，力呵止之，聲似玉卿。盜釋生妻，但脫腕釧而去。生以是疑玉卿，然心竊德之。後盜以釧質賭，為捕役所獲，詰其黨，果有玉卿。宰怒，備極五毒。兄與生謀，欲為賄脫之，謀未成而玉卿已死。生猶時恤其妻子。生後登賢書，數世皆素封焉。嗚呼！「貪」字之點畫形象，甚近乎「貧」。如玉卿者，可以鑒矣！

彰德縣有位姓廉的書生，年少好學的他，很早就喪父，家裡非常貧困。有一天，廉生外出，傍晚回家時迷了路，來到一個村子。

一位老婦人前來詢問：「廉公子要去哪兒？天黑了不是嗎？」

廉生正慌張回不了家，也不管老婦是誰，便請求幫忙找個地方借宿一晚。

老婦帶著他走進一間大宅院，只見兩個丫鬟提著燈籠，隨著一位婦人走了出來。

這位夫人年約四十多歲，舉止頗有大家閨秀風範。

老婦迎向她說：「廉公子來了。」

廉生上前拜見，夫人很高興地說：「廉公子俊秀風發，可不只是做個富家翁的人啊！」隨即擺設宴席招待。

夫人坐在一邊，殷勤勸酒，而自己舉杯卻不曾喝，拿著筷子也沒有動菜。

廉生心生惶恐疑惑，不斷打探她的家世。

夫人笑著說：「再喝三杯酒就告訴你。」廉生從命喝了三杯。

夫人說：「先夫姓劉，客居江西時，不幸因為意外身亡了。我獨居在這荒郊野外，家道日益衰落，雖有兩個孫子，但都是敗家無用之才。公子雖與我不同姓，倒也有些親戚關係，而且你秉性純良，所以勉強厚顏出來相見，沒有什麼不良企圖。我有些私房錢，想讓公子拿去做點買賣，賺點錢，勝過寒窗苦讀。」

廉生以自己年輕，又是個只會讀書的呆子，恐怕有負重託為由，予以推辭。

夫人說：「讀書的目的，就是要以謀生為優先，你如此聰明，怎麼會不行？」說完，就叫婢女拿出錢來，給他八百多兩銀子。

廉生還是惶恐地堅持拒絕。

夫人說：「我知道你還不習慣四處做生意，只要願意開始，一定會順利的。」廉生衡量這麼多銀子，不是他一個人能承擔得起重任，提議找個合夥人。

夫人說：「不需要，你只需找一個誠實能幹的僕役，幫你跑腿幹活就夠了。」她掐指算了一下說：「找姓伍的就好。」隨即要僕人備馬、裝好銀子，送廉生出去，並且說：「臘月底一定洗刷杯盤，為公子接風洗塵。」接著又回頭對家僕說：「這是匹良馬，就送給公子當坐騎，不必牽回來了。」

廉生回到家才四更天，僕人把馬栓好後回去了。

第二天，廉生四處探詢，果然找到了一個姓伍的人，出高價雇用了他。伍某對運送買賣的事相當熟練，為人又憨直、不苟言笑，廉生把銀錢都託付給他保管。

他們到湖北一帶去做生意，到了年底才回家，計算獲利竟達三倍，廉生因得力於伍某的協助頗多，在原本的工資之外，又多給了一些獎賞。

廉生與僕人商量，決定隱瞞額外拿到的賞錢，不讓夫人知道。

才剛回到家，夫人已經派人來迎接他了，於是一同前去。

一進門，就看見堂上已經擺好了豐盛的宴席，夫人也不斷慰勞他們的辛勞。

廉生繳回本利，又交出帳簿，夫人都擱著不看。

不久，大夥兒入席，還有歌舞表演，伍某也在外舍受到款待，大家都喝到盡興才回去。因廉生沒有家室，便留下來守歲。

隔天，廉生又要求夫人查看帳目，夫人笑著說：「以後不用如此，我都已算好了。」於是拿出自己的私帳讓廉生看，上面記載得很詳細，連給僕人的錢都記得清清楚楚。

廉生驚嘆：「夫人真是神人呀！」

住了幾天，夫人招待得十分周延，就像對自家的侄兒一樣。

某天，堂上擺了酒宴，一桌向東，一桌向南，堂下的一桌向西。夫人對廉生說：「明天財星高照，適合出遠門做生意，今天我就為你們主僕二人設宴餞行。」後來她把伍某也叫來，讓他坐在堂下，一時鑼鼓齊鳴，歌女送上曲目，廉生點了一曲〈陶朱富〉。

夫人笑著說：「這是個好兆頭，你一定會得到一位佳人做賢內助的。」

酒宴結束，夫人便把所有的錢都交付廉生，說：「這次出門，不要預定歸期，不賺到上萬利錢，不要輕易回來。我和公子靠的是福氣和命運，相信的是操守和心性，你們也不用勞心算帳，生意的盈虧，我自會知道。」廉生連聲答應。

他們沿著淮河做生意，當起了鹽商。過了一年，獲利數倍。但廉生心繫書卷，連做生意也不忘讀書，往來的多半是文人。賺到豐厚財富之後，他想停下腳步來，漸漸把生意都交給伍某去打理。

與廉生交情最好的當屬桃源縣的薛生了。廉生剛好經過薛家，便前去拜訪他，碰巧薛家全家都到鄉下去了。此時天色已經黑了，廉生無處可宿，守門的就請廉生進屋，清理了一處，讓他下榻，並做飯給他吃。

廉生向守門的詳細詢問薛生的情況。

原來這時謠傳朝廷要挑選各地良家婦女，送去慰勞戍守邊關的士兵，造成百姓恐慌。聽說還有些姑娘的父母不經媒人介紹，就直接把閨女送到沒娶妻的年輕人家去，甚至有人一夜之間得到兩個媳婦。

薛生因此和一個大戶人家的女兒成親，唯恐車馬驚動了官府，於是暫時遷居到鄉下去了。

初更快過去時，廉生正要就寢，忽然聽到許多人推開大門進來。守門人不知說了什麼，只聽見有人說：「官人既然不在家，拿著蠟燭的是什麼人？」

守門人說：「那是廉公子，從遠方來的客人。」才說完，問話的人已經進房來了。

他的衣帽體面華麗，拱手行禮，就問起廉生的家世；廉生告訴了他，那人很高興地說：「我們是同鄉啊，你的岳父是那位？」

廉生說：「我還沒娶親。」

那人更加欣喜，連忙出去叫了一個年輕人進來，一起向廉生畢恭畢敬地行禮，接著說：「老實跟您說，在下姓慕，今夜會來，是準備把妹妹嫁給薛官人。但到了這裡才發現慢了一步，正陷入進退維谷，碰巧與您相遇，這不是天意，是什麼？」因與此人素昧平生，廉生猶豫著不敢答應。

慕某竟然不等廉生回答，就馬上叫來送嫁的人；不一會兒，兩個老太婆扶著一位姑娘進來，直接坐上廉生的臥榻。

廉生用餘光一瞄，女子約十五、六歲，貌美無比。廉生非常歡喜，趕緊整理衣帽向慕某致謝，又讓守門的去買酒，略盡款待之禮。

慕某說：「我先祖是彰德人，娘家也是望族，如今卻衰落了。聽聞外祖父留下兩個孫子，不知家境如何。」

廉生問：「你的外祖父是誰？」

慕某答：「外祖父姓劉，字暉若，聽說住在城北三十里處。」

廉生說：「我住在城東南，離城北很遠，年紀又輕，朋友不多。城裡劉姓人家最多，只知道城北有位劉荊卿，也是個文士，不知是不是他，聽說這家很窮困。」

慕某回：「外祖父的墓還在彰德，我常想把父母的棺木遷葬故鄉，因為經費不足，一直沒能行動；如今妹妹跟了你，我回鄉的意念更堅定了。」

廉生一聽，便答應地要幫忙移葬，慕家兄弟聽了都很高興。酒過三巡後，慕家人便告辭離去。

廉生打發走僕人，移過燈燭，新婚夫妻共度春宵。

次日，薛生知道了這件事，急忙趕回家來，將廉生夫婦安置於另一處宅院。

廉生回去處理完生意上的事務，留下伍某繼續經營，然後帶著銀錢返回桃源，再跟慕家兄弟一起挖出岳父母的遺骨，帶著兩家老小，一同回到故鄉。

廉生回家安頓好一切，就拿著貨款去見夫人，夫人家的僕人已經等在路上了。

廉生隨之前去，夫人也出來相迎，喜形於色地說：「陶朱公帶著西施回來了，之前你是客人，今天成了我的外孫女婿了。」擺設洗塵酒宴，更加熱絡。

廉生佩服夫人的未卜先知，於是問道：「夫人與我岳母是什麼關係？」

夫人說：「不用多問，時間到了你就會知道。」夫人把銀子堆在桌子上，分成五份，自己取兩份，說：「我沒地方用錢，這些就留給長孫。」廉生覺得太多了，推辭著不肯接受。

夫人悲傷地說：「我們家沒落了，庭院中的樹木被人砍去當作柴火，孫兒搬去遠處，景況蕭條，要麻煩公子幫忙處理啊。」

廉生只好答應，但只肯拿一半的銀子。

夫人一定要他收下，送他出來後，揮淚而去。

當廉生還一頭霧水時，回頭一看，宅院竟是一片荒墳，才明白那位夫人就是妻子的外祖母。

他回到家，買了一頃的墳地，將新墓修建得氣派華麗。

夫人有兩個孫子，大的是劉荊卿，小的叫劉玉卿是個嗜酒好賭的無賴，兩人都很窮。兄弟倆到廉生家感謝他幫忙修繕自己家的祖墳，廉生送給他們很多錢，從此兩家人來往密切。

廉生對他們說了很多自己經商的緣由，玉卿心想祖墳裡應該埋有不少金銀，竟勾結了幾個賭友趁夜挖開祖墳尋寶。打開棺材，只看到一些屍骨，什麼也沒有找到，只好失望離去。

廉生知道墓被盜了，告訴荊卿，荊卿和廉生一起去查看；進了墓室，見供桌上有許多銀子，夫人先前所分的錢都還在。

荊卿想和廉生一起平分，廉生說：「夫人本來就打算把這些銀子留給你的。」

荊卿包好銀子運回家，然後向官府報案祖墳被盜，官府展開嚴查。後來有個人因賣了墳中的玉簪被抓，追查他的同黨，才知道玉卿就是主嫌。縣令要將玉卿處以極刑，荊卿代為求情，勉強保住了小命。

劉廉兩家合力修繕墳墓內外，比之前更加堅固豪華。從此，廉、劉兩家都富有了，只有玉卿還是跟從前一樣落魄。廉生和荊卿常常接濟他，但都不夠他賭博輸的錢。

某天晚上，盜賊進了廉家，抓了他要討錢。廉生所藏的銀子都以一千五百兩為一捆，指給強盜看，盜賊拿了兩捆。看到馬廄裡只有那匹鬼馬，就用牠搬運銀子，並將廉生一併帶到荒郊野外才放了他。

村民們看見強盜的火把沒走遠，邊喊叫邊追上去，強盜都驚慌地逃竄。村人們一起到了那個地方，看見銀子散落在路邊，馬已經倒在地上變成灰燼了，才知道馬也是鬼。

最後，當晚只丟了一枚金釧。

起初，幾名盜賊抓住廉生的妻子，見她頗具姿色，便想要霸王硬上弓。另一位戴著面具的匪徒，大聲喝止，聲音很像是玉卿。盜賊於是放了廉生的妻子，只把她手腕上的金鐲子拿走。

廉生懷疑那個人是玉卿，心中暗暗感激他阻止了同夥的獸行。後來因盜賊質押金釧當賭注，被捕頭逮獲，追問他的同黨，其中一人果然是玉卿。

縣令大怒，抓來玉卿，嚴刑拷打。

荊卿與廉生商量，想要賄賂縣令來為玉卿脫罪，但還沒行動，玉卿就死在獄中了。

廉生仍然不計前嫌，時常接濟玉卿的妻兒。後來廉生考中了舉人，幾代子孫都受封賞。

唉！「貪」和「貧」的字形接近，像玉卿這樣的人是該引以為鑑。

合夥不成，人財兩失

看完這麼長的故事，我想講的重點很簡單，就是與人合夥做生意時，誠信很重要。

跟人合夥做生意，如果合夥人不夠誠信，這樣的合作關係必將無法長久，甚至演變成撕破臉，連朋友都做不成的難堪場面。所以，我並不鼓勵合夥做生意，就算再好的親友都一樣。

先來講個同業的故事。我有兩個學弟原本都在某家診所執業，他們覺得是時候該自立門戶了，便一起離開任職的診所，合資開了一家新的診所。原來只是同事的兩人，成為合夥人後，一些問題就慢慢浮出檯面。

其中一人會在月底時急著把自己的業績獎金領走，不管還有很多支出沒有扣除，也就是直接把固定成本留給另一個人負擔。

經過溝通，他雖收斂了一些，幾個月後又故態復萌。把話說清楚傷感情，不說就變成另一個人的困擾；而且這個醫師還會巧立名目，跟病人超收不合理的費用，造成不必要的紛爭，都要由另一位醫師出來打圓場，安撫病人。但他認為這樣才能提高診所的營收，其實在合夥人的眼中就像是殺雞取卵。

兩人的理念日益分歧，大小衝突不斷，但因為認為自己對診所的貢獻比較大，沒有人願意退出，最後竟演變成對簿公堂的局面。即使同在一個環境中工作，也完全零互動，互當對方是空氣。

這樣的合夥根本就是一場災難，如果我是當事人，應該會選擇停損退出，把損失當作沉沒成本，而不是繼續耗損心力與情緒，只為了爭一口氣。

除了誠信，合夥對象的脾氣與個性常是導火線。有的人什麼都好，就是脾氣大，動不動就和別人起衝突；只要有一點不順他的意，就開始當起訓導主任教訓人。除非你可以逆來順受，否則應該很快會氣到中風。有的人個性過於耿直，完全不能容許一點彈性或轉圜的空間。耿直或許是當朋友的好條件，但在做生意的時候未必有加分的效果，反而會丟掉生意，壞了大事。和有問題的人當合夥人，你可能會在重要場合裡吹鬍子瞪眼睛、氣到七竅生煙。

我也看過合夥成功的例子，像自媒體地產祕密客就是其中之一。她們個性互補，不會計較責任的分攤跟利益的分配，再加上對彼此的高度信任，即使合夥多年，也從不曾有過齟齬，有福同享，有難同當。她們不但是事業上的夥伴，也建立了像家人一般的情誼。

這樣的例子真的是少數，很多合夥關係到頭來往往是不歡而散。

故事裡的廉生，本身就是個有誠信的人，他所找的伍姓夥計，也是個可以倚靠並委以重任的人，加上夫人對他又是百分百的信任，這樣的鐵三角組合，自然是做生意上的神隊友。只是現實生活中要找到這麼完美的組合，真是不容易呀。

故事中的夫人知道自己的孫子不可靠，寧可信任廉生這個陌生人並委付重任，這個「傳賢不傳子」的概念，與現在愈來愈多大企業尋找專業經理人來經營管理公司，未必由家族後代接班的做法不謀而合。

如果真心想讓一間公司長遠生存下去，找有能力的人比找自己人有更高的成功機率。但這是考驗人性的做法，也是為什麼「家天下」的財團很難繁榮超過三代的原因。

19

大發善心卻引來殺機：善與惡之間的距離

〈布商〉

〔原文〕

布商某至青州境，偶入廢寺，見其院宇零落，歎悼不已。僧在側曰：「今如有善信，暫起山門，亦佛面之光。」客慨然自任。僧喜，邀入方丈，款待殷勤。即而舉內外殿閣，並請裝修；客辭以不能。僧固強之，詞色悍怒。客懼，請即傾囊，於是倒裝而出，悉授僧。將行，僧止之曰：「君竭資實非所願，得毋甘心於我乎？不如先之。」遂握刀相向。客哀求切，弗聽；請自經，許之。逼置暗室而迫促之。適有防海將軍經寺外，遙自缺牆外望見一紅裳女子入僧舍，疑之。下馬入寺，前後冥搜，竟不得。至暗室所，嚴扃雙扉，僧不肯開，託以妖異。將軍怒，斬關入，則見客縊梁上。救之，片時復甦，詰得其情。又械問女子所在，實則烏有，蓋神佛現化也。殺僧，財物仍以歸客。客益募修廟宇，由此香火大盛。趙孝廉豐原言之最悉。

有位賣布料的商人來到青州，偶然走進一座荒廢的寺廟，看到廟院破舊頹圮，感歎不已。

一位僧人在旁邊說：「如果有信徒願發善心，能夠幫忙修建山門，也是我寺佛門之光啊！」這個布商很慷慨地答應下來。

和尚聽了非常歡喜，便邀請布商進入方丈居室，並對他殷勤款待。然後，和尚又一一指出內外的殿堂閣樓的破舊之處，也想請布商一併修繕。

布商以自己的能力有限推辭，和尚勉強他要同意，且口氣強悍，神情不悅。

布商很害怕，隨即將身上所有的財物都拿出來，交給和尚。

布商才剛要離開，和尚一把將他攔住，說：「你雖捐出所有，但其實不是出於你的意願，你一定不會甘心的，不如先把你給殺了，以絕後患。」說完，就提著刀向他走來。

布商苦苦哀求，和尚充耳不聞。布商只好要求自我了斷，和尚答應了，便將他逼到一間暗室中，催促他趕快自盡。

這時有位海防將軍從寺外經過，遠遠地從斷牆外看見一位穿紅衣的女子走進僧房，覺得可疑；於是下馬走進寺中，四處尋找，卻沒有找到女子的身影。

他來到一間暗室前，只見雙門緊鎖，和尚不肯開門，推說屋裡有妖怪。將軍盛怒之下，砍斷門鎖闖進去，只見布商掛在屋梁上，急忙上前將他救下。

過了片刻，布商甦醒過來，將軍詢問事情的經過，又以刑逼供，問和尚紅衣女子在何處。

原來根本沒有什麼紅衣女子，是神佛顯靈救了布商。

將軍殺了和尚，把財物都歸還給布商。

布商為了感謝神明，籌募更多錢財修建廟宇，從此這座寺廟的香火鼎盛。

捐款得法是省錢之道

看到這個故事，我的腦海中立刻浮現出那些「假募款，真斂財」的新聞。

很多人都有做慈善的心，但這個善心也可能被有心人所利用。

根據刑事局的統計，從二〇一九年到現在，以募款之名行詐財之實的案件在國內已經超過兩百件。

我們常在十字路口、車站被一些揹著募款箱的人勸募，或是被強迫推銷愛心筆。我開業這麼多年，也遇過不少進來勸募的人。有的說自己是聾啞協會的，有的是為受家暴婦女募款的義工，最扯的還有直接捧著一尊神像進來要求捐錢的。我統統沒有捐，因為我寧可把錢捐到有公信力的社團法人或慈善基金會，也不把錢交到來路不明的人手上。

確實有人以募捐為名做起生意，他們先取得合法立案，成立一些名為關懷生命或保護動物等的協會組織，再請工讀生拿著募款箱，在大街小巷向路人勸募。

他們算準了這種街頭的小額捐款，很多民眾是不會索取收據的，等於完全沒有帳目可查。

有些不肖之人將所募到的大筆款項私吞，只拿出部分捐款來購買物資，捐給育幼院或學校單位，然後把照片放上社群媒體，營造出做公益的假象，以昭公信。於是募款就成了一樁幾乎無本的生意。

這對於有心想做善事的人來說，無疑是一種打擊，讓大家對捐款產生更多疑慮與不信任。其實很多正派的慈善基金會是嗷嗷待哺的，卻因為一些黑心協會的魚目混珠，受到池魚之殃。

原來善與惡之間的距離也可能薄如蟬翼，用善心的糖衣包裹的，竟是中飽私囊的惡行。

雖然有人主張，捐錢的善舉在捐出的那一刻已經成就了功德，至於後來善款的流向，不是捐獻者有能力主宰與掌握的，發揮善心才是最重要的。但是，若我們能更謹慎地選擇有信譽的標的發揮善念，不是更有意義嗎？

大家都知道股神巴菲特長年都投入慈善捐款，並鼓勵他的子女們持續這樣的志業。

他在二〇二四年給股東的一封信裡特別提到，因為自己的年事已高，將來勢必要將慈善基金會交棒給三名子女負責，擔心有些心懷不軌或別有目的的人來亂要錢，如果基金會要捐款，一定要三名子女全數同意才能執行。這個做法也可以讓子女不必因為人情壓力感到困擾，也比較不會得罪人。否則，以資金這麼龐大的基金會來說，每天上門請求捐款的單位必如過江之鯽，沒完沒了。

捐款是藝術，也是一門學問。如何把金錢捐給需要的人，讓其發揮最大的效益，而捐款者又能達到節稅的功能，是值得企業經營者重視的課題，一個成功的經營明白：捐錢的重要性絕不亞於賺錢。

20

賭徒的復仇：信任禁不起人性的考驗

〈任秀〉

〔原文〕

任建之，魚臺人。販氈裘為業。竭資赴陝。途中逢一人，自言：「申竹亭，宿遷人。」話言投契，盟為弟昆，行止與俱。至陝，任病不起，申善視之。積十餘日，疾大漸。謂申曰：「吾家故無恆產，八口衣食，皆恃一人犯霜露。今不幸，殂謝異域。君，我手足也，兩千里外，更有誰何！囊金二百餘，一半君自取之，為我小備殮具，剩者可助資斧；其半寄吾妻子，俾輦吾櫬而歸。如肯攜殘骸旋故里，則裝資勿計矣。」乃扶枕為書付申，至夕而卒。申以五六金為市薄材，殮已。主人催其移櫬，申託尋寺觀，竟遁不返。任家年餘方得確耗。

任子秀，時年十七，方從師讀，由此廢學，欲往尋父柩。母憐其幼，秀哀涕欲死，遂典資治任，俾老僕佐之行，半年始還。殯後，家貧如洗。

幸秀聰穎，釋服，入魚臺泮。而佻達善博，母教戒綦嚴，卒不改。一日，文宗案臨，試居四等。母憤泣不食，秀慚懼，對母自矢。於是閉戶年餘，遂以優等食餼。母勸令設帳，而人終以其蕩無檢幅，咸誚薄之。

有表叔張某，賈京師，勸使赴都，願攜與俱，不耗其資。秀喜，從之。至臨清，泊舟關外。時鹽航艤集，帆檣如林。臥後，聞水聲人聲，聒耳不寐。更既靜，忽聞鄰舟骰聲清越，入耳縈心，不覺舊技復癢。竊聽諸客，皆已酣寢，囊中自備千文，思欲過舟一戲。潛起解囊，捉錢踟躕，回思母訓，即復束置。既睡，心怔忡，苦不得眠；又起，又解：如是者三。興勃發，不可復忍，攜錢逕去。至鄰舟，則見兩人對博，錢注豐美。置錢几上，即求入局。二人喜，即與共擲。秀大勝。一客錢盡，即以巨金質舟主，漸以十餘貫作孤注。賭方酣，又有一人登舟來，眈視良久，亦傾囊出百金質主人，入局共博。張中夜醒，覺秀不在舟；聞骰聲，心知之，因詣鄰舟，欲撓沮之。至，則秀胯側積資如山，乃不復言，負錢數千而返。呼諸客並起，往來移運，尚存十餘千。未幾，三客俱敗，一舟之錢俱空。客欲賭金，而秀欲已盈，故託非錢不賭以難之。張在側，又促逼令歸。三客燥急。舟主利其盆頭，轉貸他舟，得百餘千。客得錢，賭更豪；無何，又盡歸秀。

天已曙，放曉關矣，共運資而返。三客亦去。主人視所質二百餘金，盡箔灰耳。大驚，尋至秀舟，告以故，欲取償於秀。及問姓名、里居，知為建之之子，縮頸羞汗而退。過訪榜人，乃知主人即申竹亭也。秀至陝時，亦頗聞其姓字；至此鬼已報之，故不復追其前矣。乃以資與張合業而北，終歲獲息倍蓰。遂援例入監。益權子母，十年間，財雄一方。

任建之是魚臺縣人，以販賣毛氈皮裘為業。他帶著所有的資金到陝西做生意，途中遇到一個陌生人，自稱申竹亭，是宿遷縣人。兩人聊得很投機，乾脆結拜為兄弟，一同前往。

到了陝西，任建之突然病到下不了床，申竹亭非常細心地照料他。

十幾天後，任建之病危，他對申竹亭說：「我家沒有什麼恆產，一家八口人的生計都靠我一個人在外面辛苦掙錢。今天我不幸即將客死異鄉，離家兩千里的我，哪裡還有其他親人呢？你是我的好兄弟，我的袋子裡有二百多兩銀子，一半你拿去，替我準備一副棺材，剩下的都歸你；另一半寄給我的妻子，讓他們能夠把我的棺材運回家鄉。如果你肯將我的骨灰帶回故鄉，這些錢都不必計較。」說完，就趴在枕頭上寫了封遺書，交給申竹亭。

到了晚上，任建之就死了。

申竹亭用五六兩銀子替任建之買了一副薄棺材，將他入斂，老闆催他趕快把棺材運走，申竹亭藉口去尋找一間寺廟安放，竟然就一去不回了。

一年多後，任家才得到任建之死亡的消息。他的兒子任秀今年十七歲，正跟著老師讀書，打算放棄學習，去尋找父親的靈柩。母親十分不捨，但看到任秀傷心欲絕，只好典當家產，替他準備行裝，並差遣一位老僕同行，半年之後才回到家。

任建之下葬以後，家裡一貧如洗。幸好任秀天資聰穎，服喪期滿後，他進入魚臺的縣學讀書，但是個性輕佻放蕩，喜歡賭博，母親很嚴厲地管教他，但他就是不改。

一天，縣學舉辦考試，任秀只考了四等，母親氣得哭泣，吃不下飯。任秀既慚愧又害怕，向母親發誓，今後會好好讀書。

於是，任秀閉門苦讀一年多，以優等的身分領到了朝廷提供的補貼。母親勸他開個學堂教學生，但是人們因為他過去放蕩不檢點，都瞧不起他。

任秀有個表叔張某在京城做生意，勸他乾脆到京城去發展，並且表示願意帶他同行，不用花半毛錢。

任秀很高興，就跟著出發了。他們來到臨清縣，船在關外停靠，這時有不少鹽船停泊在河邊，船帆如林。

任秀躺下以後，只聽見水聲交錯，嘈雜得令他無法入睡。等到夜深人靜以後，忽然聽到鄰船傳來擲骰子的清脆聲響，這聲音傳進心裡，誘發了舊癮作祟。

他左右張望，看同船的客人都已經熟睡，摸了摸口袋裡的一千文錢，很想到船上玩幾把。他悄悄起身，解開錢袋，拿著錢卻猶豫了起來，想到母親的諄諄教誨，又把錢放了回去。

躺在床上，他的心裡卻躁動不已，翻來覆去，不能入眠。他爬起來，再次解開錢袋，重複了三次。最後實在壓抑不了賭性，再也無法忍耐，便帶著錢往旁邊的船走去。

任秀到了船上，見到兩人正在賭博，下的賭注頗大。他把錢放在桌子上，要求加入賭局，其他人很歡迎，就和他一起擲骰子。

幾局下來，任秀大贏，其中一個客人把錢輸光了，就拿了大把銀子押給船主換銅錢，賭注愈下愈大，一次以十幾貫錢下注。當他們正賭在興頭上時，又有一個人登船上來，在一旁看了許久，也傾囊而出，將一百兩銀子押給船主換籌碼，一同加入賭局。

張某半夜醒來，發現任秀不在船上，聽到鄰船擲骰子的聲音，就猜到任秀一定去賭錢了。他來到那條船上，想制止任秀不要再賭，卻見任秀腿邊的銅錢已經堆得像山一樣高，就沒開口，扛了幾千錢回到自己的船上。接下來，他又招呼同船的夥伴起來，來回搬運數趟，只留下十幾貫錢。

過了半晌，三個客人都輸光了，整船的錢都被搬空了。

客人想改用銀子來賭，但是任秀已經滿足了賭癮，就說如果不用銅錢就不賭了，故意刁難他們。

張某在一邊催促任秀回去，三個客人開始急躁起來。船主看到有利可圖，就從其他船上借來一百多貫銅錢；客人拿到錢，賭注下得更大了，但沒過多久，錢又全都輸給了任秀。此時破曉已露曙光，河道的關防也要開放了，任秀和表叔一起把錢運回船上，三個客人也各自散去。

船主一看那三個客人抵押的二百多兩銀子，全都化成了冥紙灰，臉色大變。他找到了任秀的船，告訴他這個情況，想向任秀求償。一問起任秀的姓名、家鄉，知道他就是任建之的兒子，便自覺羞愧地汗顏離去。

詢問船夫才知道，原來船主就是申竹亭。

其實任秀來到陝西時，也常常聽到申竹亭的名號，既然鬼神已經幫他復了仇，也就不再追究之前的罪過。任秀用這筆錢和表叔合夥，到北邊做生意，到了年底，淨賺了五倍的獲利。於是，任秀按慣例捐錢買了一個監生的官職，也更善於經營之道，不過十年左右的時間，財富就已稱霸一方。

你亮出的誘餌，才是引發背叛的元凶

從這個故事中，我們來談談識人之明。如果你是個經營者，要如何尋找一個好員工？

有人說學歷很重要，有人說個性是重點，有人覺得品行擺第一，有人要看忠誠度，甚至有人先問星座，與自己相合才錄用……每個人都有自己的標準，似乎都有道理。

為什麼很多企業都會有所謂的「試用期」，就是怕萬一所用非人，還有踩剎車的轉圜空間。但是，你能確保撐過了試用期，就絕對萬無一失了嗎？

之前有位知名網紅就爆出了，他的元老級員利用假合約從中牟利的事件。他們認識八年以上，不能說對彼此沒有一定程度的了解，重用這名員工也是看上她的能力與才幹；但是面對重大利益的誘惑時，就成了人性的考驗。要說是識人不明太沉重，東窗事發後，才發現是管理上出了問題。

無獨有偶地，日本知名棒球選手大谷翔平的貼身翻譯，因涉賭挪用他的銀行戶頭裡的兩千萬美金，引起國際媒體關注。

兩人合作時間長達七年，幾乎是全天候的相處。但這麼緊密的關係一樣逃不過金錢遊戲的誘惑，任憑感情再深厚，涉及金錢利益時也會禁不起考驗。

我們必須認清現實，就算能力再優秀、再值得信任的人，在金錢來往上還是必須築起一道防火牆，不該拿自己的錢開玩笑。

信任這件事很弔詭，你以為很堅實，其實非常薄弱。

只有當你的信任被對方摧毀了，才會知道信任不能僅憑感性的自我說服。你以為你的推心置腹會換來對方的忠肝赤膽，其實是自我催眠的成分居多。現實世界裡，大部分的人性都不會照著你的推理走，尤其是涉及金錢與感情的時候。

請你捫心自問，有沒有被非常信任的朋友背叛過？我相信大部分的人都有過這種經驗，沒有遇到的人不是運氣好，只是還沒碰上。

故事裡的任建之在異鄉病危，在沒有其他辦法的情況下，選擇相信在路上結識的結拜兄弟。我想他不是沒有遲疑，只是別無良策，而且還大方地給了一筆酬金，算是打了預防針。只是，顯然無法對抗貪婪這隻猛獸的侵襲。

我始終認為，你可以相信一個人，但必須視情況而定。此外，千萬不要輕易丟出信任的誘餌，因為有很大機率會被自己的回力鏢打中。就算這次通過考驗，也不能保證下一次就會安然過關。

有限制的信任，是商業世界裡的不二準則。

21

草包買官記：有多少能耐，做多少事

〈公孫夏〉

〔原文〕

保定有國學生某，將入都納資，謀得縣尹。方趣裝而病，月餘不起。忽有僮入曰：「客至。」某亦忘其疾，趨出逆客。客華服類貴者。三揖入舍，叩所自來。客曰：「僕，公孫夏，十一皇子坐客也。聞治裝將圖縣尹，既有是志，太守不更佳耶？」某遜謝，但言：「資薄，不敢有奢願。」客請效力，俾出半資，約於任所取盈。某喜求策，客曰：「督、撫皆某最契之交，暫得五千緡，其事濟矣。目前真定缺員，便可急圖。」某訝其本省。客笑曰：「君迂矣！但有孔方在，何問吳、越桑梓耶？」某終躊躕，疑其不經。客曰：「無須疑惑。實相告：此冥中城隍缺也。君壽盡，已注死籍。乘此營辦，尚可以致冥貴。」即起告別，曰：「君且自謀，三日當復會。」遂出門跨馬去，某忽開眸，與妻子永訣。命出藏鏹，市楮錠萬提，郡中是物為空。堆積庭中，雜芻靈鬼馬，日夜焚之，灰高如山。

三日，客果至。某出貲交兌，客即導至部署，見貴官坐殿上，某便伏拜。貴官略審姓名，便勉以「清廉謹慎」等語。乃取憑文，喚至案前與之。某稽首出署。自念監生卑賤，非車服炫耀，不足震懾曹屬。於是益市輿馬，又遣鬼役以彩輿迓其美妾。區畫方已，真定鹵簿已至。途百里餘，一道相屬，意甚得。忽前導者鉦息旗靡。驚疑間，見騎者盡下，悉伏道周；人小徑尺，馬大如狸。車前者駭曰：「關帝至矣！」某懼，下車亦伏，遙見帝君從四五騎，緩轡而至。鬚多繞頰，不似世所模肖者；而神采威猛，目長幾近耳際。馬上問：「此何官？」從者答：「真定守。」帝君曰：「區區一郡，何直得如此張皇！」某聞之，灑然毛悚；身暴縮，自顧如六七歲兒。帝君令起，使隨馬蹤行。道傍有殿宇，帝君入，南向坐，命以筆札，俾自書鄉貫姓名。某書已，呈進。帝君視之，怒曰：「字訛誤不成形象！此市儈耳，何足以任民社！」又命稽其德籍。傍一人跪奏，不知何詞。帝君厲聲曰：「干進罪小，賣爵罪重！」旋見金甲神綰鎖去。遂有二人捉某，褫去冠服，笞五十，臀肉幾脫，逐出門外。四顧車馬盡空，痛不能步，偃息草間。細認其處，離家尚不甚遠。幸身輕如葉，一晝夜始抵家。豁若夢醒，床上呻吟。家人集問，但言股痛。蓋瞑然若死者已七日矣，至是始寤。便問：「阿憐何不來。」蓋妾小字也。先是，阿憐方坐談，忽曰：「彼為真定太守，差役來接我矣。」乃入室麗妝，妝竟而卒，才隔夜耳。家人述其異。某悔恨爬胸，命停屍勿葬，冀其復還。數日杳然，乃葬之。某病漸瘳，但股瘡大劇，半年始起。每自曰：「官資盡耗，而橫被冥刑，此尚可忍；但愛妾不知舁向何所，清夜所難堪耳。」

保定府有位國子監學生準備到京城捐錢買個縣官的職位來做，當一切都準備就緒時，他突然生了病，一個多月無法下床。

有一天，僕人來報說有客人來了，他一時忘了自己正在病榻中，起身出去見客。那位客人一身華服，像是個有身分地位的人。

監生恭敬地迎客入內，問他所為何來。

客人說：「我叫公孫夏，是十一皇子的門客。聽聞你已整理行裝，要去捐一個縣官，既然有這樣的想法，捐一個太守，不是更好嗎？」

監生謙遜地表示：「我的錢不多，不敢有此奢望。」

來客說，他願意幫忙促成，監生只要先出一半的錢，其餘的等上任後再付。

監生很高興，問公夏孫怎麼進行。

公孫夏說：「省之巡撫、總督都是我的至交，先拿五千貫錢，事情就可以搞定。現在正好有個知府缺，可以馬上就任。」

監生很驚訝，因為照規矩，本省人是不能在本省做官的。

公孫夏笑笑說：「你真是死腦筋！只要有錢，本省、外省都不是問題。」

監生始終覺得這個人不可靠。

公孫夏對他說：「你不必懷疑，老實告訴你，這是陰間城隍爺的缺。

你的陽壽已盡，馬上就會死，趁此機會運作一下，在陰間還有富貴可享。」於是起身告辭，臨去又說：「你考慮一下，三天以後我會再來。」

監生從睡夢中乍醒，張開眼睛，和他的妻子訣別，說自己要死了，叫她把藏起來的銀子拿去買一萬串紙錢。

全城裡所有的紙錢都被他買來堆在院子裡，夾雜著紙人紙馬，日以繼夜地焚燒，冥紙灰積得像座山一樣高。

三日後，公孫夏果然如約而來，他把錢交給公孫夏，之後就被帶到一個衙門裡，只見一個大官坐在堂上，監生立刻伏地而拜。

那位大官只簡略地問了一下姓名，勉勵了幾句做官要清廉謹慎的話，便取出憑證文書，叫他到案前來領取。

監生叩謝後出了衙門，心想自己區區一個監生，若沒有華麗的車馬和講究的官袍，怎麼壓得住屬下。於是他買了輛豪華的馬車，又派鬼差用彩轎把自己漂亮的小妾接來；才籌畫妥當，真定府接他上任的儀仗也來了。

路途大約有一百多里，整隊人馬一路跟隨，好不得意。忽然前導的差役鑼鼓聲停了下來，旗也倒了，他正疑惑著，只見騎在馬上的部屬都下馬，一起跪在路邊；轉瞬間，所有的人都縮到只有一尺高，馬也變得像貍貓那麼小。

前導的差役驚駭地說：「關聖帝君來了！」

監生也嚇得趕緊下車跪拜。遠遠看著關帝爺帶著四、五個騎馬的隨從，慢慢靠近，鬍鬚長到可以繞到脖子後，不像人間所描述的那樣，神情威嚴，眼睛長得幾乎快到耳朵。

關帝爺問：「來的是什麼官？」

隨從說：「是真定太守。」

關帝說：「小小一個太守，竟然如此鋪張堂皇！」

監生聽了，寒毛直豎，渾身顫抖，身體一下子就縮小了。一看，自己已經像個六、七歲的小孩一般高了。

關帝叫他起來，跟在馬後隨行。路邊一間殿堂，關帝進去向南而坐，叫隨員拿來紙筆給監生，要他寫上姓名、籍貫。

他寫好之後呈上去，關帝一看，大怒道：「字寫錯又像鬼畫符，這樣一個草包，怎麼能擔任太守？」

關帝又命隨從查核此人平日的德行如何，旁邊一人跪著稟報了幾句，不知講了些什麼，關帝大聲罵道：「這人賄賂買官，罪還算輕；收賄賣官給他的人，罪責重大。」

只見兩個神差帶著鎖鏈，去逮捕那個賣官的人。

另外兩個人捉住監生，脫掉他的衣帽，打了五十大板，屁股皮開肉綻，才把他驅逐出去。他四處張望，車馬都沒了，屁股又痛得不能走，只能狼狽地趴在草地上。

他仔細辨識周圍景象，原來離家還不算遠，幸好身輕如葉，但還是花了一日一夜才回到家裡。

監生忽然像從睡夢中醒來一般，在床上痛苦地呻吟著。

家人問他怎麼回事，他只說屁股極痛。原來他昏死過去已經七天了，現在才甦醒過來。

他問：「阿憐去哪裡了？」

阿憐是他小妾的名字，原本還坐著說些有的沒的，突然說：「他做了真定太守，要派人來接我了。」立刻回到房裡梳妝打扮，沒想到妝畫好就斷氣了。

這不過是前一晚發生的事。

家人把這件事告訴了監生，他悔恨得不斷捶打胸膛，命人把小妾的屍首停放著不要下葬，希望她能復活。等了幾天卻毫無動靜，才將她埋葬了。

後來監生的病漸漸好轉，但腿上的膿瘡仍劇痛不已，半年以後才康復。他每每傷心地說：「捐官的錢丟了，在陰間遭受毒打，這些都還能忍受；但連心愛的小妾也不知被抬到哪裡了，夜半想起來實在難以承受啊。」

理財的風險是怕麻煩

關於這個故事，我想說的是，很多人習慣把投資理財的事交給別人來代勞，或是聽從理專的意見。他推薦你買什麼就照單全收，那麼虧損時也只能自認倒楣。

也許很多人都跟我有同樣的經驗，明明只是到銀行辦個事，理財專員介紹他們認為適合你的金融商品。如果你耳根子很軟，或是覺得拒絕不好意思，就簽下同意書，其實對那些產品根本一知半解，又懶得研究說明書裡密密麻麻的條文，那是在拿自己的錢做實驗，能賺錢是運氣，賠錢也是正常的。

故事裡的公孫夏，就像是這些理專或掮客，他們看準顧客想獲利的需求，自然會舌粲蓮花地遊說。有些細節縱然有疑慮，他們也會跟你說一切不是問題，要你放心投資。

還記得多年前的雷曼連動債風暴嗎？我相信到現在還有很多人連「連動債」是什麼都搞不清楚，但當年很多理專為了佣金，不斷鼓吹退休人士去買這種高風險的金融衍生性商品，不明就裡的投資人，還以為這種連動債跟一般債券一樣可以保本；他們心想，能保本又能賺取比銀行定存利息更高的利率，就把退休金都投進去，等到雷曼兄弟公司破產，才發現血本無歸。

你以為發生了雷曼事件之後，這樣的事情就減少了嗎？沒有，後來又發生了TRF風暴，也是銀行向八千多家中小企業推銷這種獲利有限、虧損無限，且無法停損的金融衍生性商品，因為人民幣超貶，損失金額居然高達上兆元！而很多受害者即使訴諸法律，依然無法拿回辛苦賺來的血汗錢，但是章是自己蓋的，想不認都不行。

這些事件凸顯了一個事實：我們對投資商品的認識太淺，對理專的話術抵抗力又太弱。

除了金融商品，未上市股票也常是讓人欲哭無淚的投資陷阱。推銷的時候都是一再保證鐵定獲利，將來一定上市，讓你贏在起跑點、再造第二個台積電傳奇……很多人都是基於人情壓力購買，其實連公司在做什麼都未必清楚；有的後來根本沒上市，還一直來要求股東增資，成了錢坑。最後不了了之，連股票都賣不掉，成了一堆廢紙。

很多人去市場買菜還會為了一兩塊錢斤斤計較，在買這些金融商品時，卻是一擲千金，毫無危機意識。如果你也是如此，真的要格外小心，因為你必然也容易陷入詐騙的圈套裡，變成那個被賣了還在幫人數鈔票的人。

在購買任何金融商品之前，還是別偷懶，好好讀完所有的說明書；有任何疑慮，先別急著簽字，回家好好詢問家人或其他朋友的意見再買也不遲，千萬別讓你的錢所託非人。

22

理財是一輩子的課題：為不用替老後煩惱的人生做好準備

〈段氏〉

〔原文〕

段瑞環，大名富翁也。四十無子。妻連氏最妒，欲買妾而不敢。私一婢，連覺之，撻婢數百，鬻諸河間欒氏之家。段日益老，諸姪朝夕乞貸，一言不相應，怒徵聲色。段思不能給其求，而欲嗣一姪，則群姪阻撓之，連之悍亦無所施，始大悔。憤曰：「翁年六十餘，安見不能生男！」遂買兩妾，聽夫臨幸，不之問。居年餘，二妾皆有身，舉家皆喜。於是氣息漸舒。凡諸姪有所強取，輒惡聲梗拒之。無何，一妾生女，一妾生男而殤。夫妻失望。又將年餘，段中風不起，諸姪益肆，牛馬什物競自取去。連詬斥之，輒反脣相稽。無所為計，朝夕鳴哭。段病益劇，尋死。諸姪集柩前，議析遺產。連雖痛切，然不能禁止之。但留沃墅一所，贍養老稚，姪輩不肯。連曰：「汝等寸土不留，將令老嫗及呱呱者餓死耶！」日不決，惟忿哭自撾。

忽有客入弔，直趨靈所，俯仰盡哀。哀已，便就苫次。眾詰為誰。客曰：「亡者吾父也。」眾益駭。客從容自陳。先是，婢嫁欒氏，逾五六月，生子懷，欒撫之等諸男。十八歲入泮。後欒卒，諸兄析產，置不與諸欒齒。懷問母，始知其故。曰：「既屬兩姓，各有宗祏，何必在此承人百畝田哉！」乃命騎詣段，而段已死。言之鑿鑿，確可信據。連方忿痛，聞之大喜，直出曰：「我今亦復有兒！諸所假去牛馬什物，可好自送還；不然，有訟興也！」諸姪相顧失色，漸引去。懷乃攜妻來，共居父憂。諸段不平，共謀逐懷。懷知之，曰：「欒不以為欒，段復不以為段，我安適歸乎！」忿欲質官，諸戚黨為之排解，群謀亦寢。

而連以牛馬故，不肯已。懷勸置之。連曰：「我非為牛馬也，雜氣集滿胸，汝父以憤死，我所以吞聲忍泣者，為無兒耳。今有兒，何畏哉！前事汝不知狀，待予自質審。」懷固止之，不聽，具詞赴宰控。宰拘諸段，審狀，連氣直詞惻，吐陳泉湧。宰為動容，並懲諸段，追物給主。既歸，其兄弟之子有不與黨謀者，招之來，以所追物，盡散給之。連七十餘歲，將死，呼女及孫媳曰：「汝等誌之：如三十不育，便當典質釵珥，為夫納妾。無子之情狀實難堪也！」

段瑞環是大名縣的富翁，四十歲了仍然膝下無子。他的妻子連氏嫉妒心強，所以他想買個小妾卻沒那個膽。他和一個婢女私通，被老婆發現了，將這名婢女鞭打了幾百下，然後賣給了河間縣一個姓欒的人家。

隨著段瑞環的年紀愈來愈大，他的姪子們一天到晚上門來借錢，如果不搭理他們，就馬上變臉暴怒。

段瑞環心想，既然不能滿足每個人的要求，不如認養一個姪子來當兒子。但姪子們從中阻撓；連氏雖然凶悍卻也無可奈何，於是非常後悔沒讓丈夫納妾。

她忿忿地說：「這老頭子六十多歲，又怎知不能生個男孩！」便買了兩個小妾，讓丈夫與她們生活行房，不予干涉。

一年多後，兩個小妾有了身孕，全家都很高興。家中氣氛漸漸緩和了下來，只要姪子們想來強取錢財，就出言痛罵拒絕。

不久，一個小妾生了女兒，另一個小妾生下的男嬰卻夭折了，令段家夫妻都很失望。

又過了一年多，段瑞環中風癱瘓，臥床不起。姪子們更加肆無忌憚，自行把家裡的牛馬、雜物取走。

連氏責罵他們，他們立刻反唇相譏，讓她無計可施，只能整天悲泣。段瑞環的病情愈來愈嚴重，不久就死了。姪子們聚集在他的靈柩前，議論著如何分配他的遺產。

連氏雖然感到十分痛心，卻也無能為力，只求留下一處田舍養老育幼，但姪子們不肯。

連氏說：「你們連一寸土地都不留給我，是要我這個老太婆和小嬰兒餓死嗎？」吵了幾天都沒有結果，連氏只能捶胸頓足，忿恨哭泣。

忽然間，來了一位弔唁的客人，進門就直奔靈堂，前俯後仰地哭泣哀號。弔唁完畢，就坐在子女守靈的席上；有人問他是誰，來客說：「死者是我的父親。」

眾人十分驚駭，這人便慢慢地陳述起來。

原來，那位被連氏賣到欒家的婢女，五、六個月之後生下了一個男嬰，名叫懷，欒家像親生兒子一樣地撫養他。十八歲時，欒懷進了縣學，後來欒父死了，他的兒子們分家產，卻不把欒懷當成欒家的孩子看待。

欒懷問母親是怎麼回事，才知道個中緣故，於是說：「既然分屬不同姓氏，各有自己的宗祠，何須在這兒繼承人家的田產！」他騎馬來到段家，發現段瑞環已經死了。

欒懷說得憑據確鑿，教人無法不信。

連氏聽欒懷這麼一說，不禁大喜，直接站出來，說：「我現在也有個兒子了！你們取走的那些東西，最好都給我送回來，不然我就到官府去告你們！」

那些姪子們彼此面面相覷，一臉頹喪，各自散去了。

欒懷把妻子帶回家，一起為父親服喪。

那些姪子們不願善罷甘休，商量著要怎麼把欒懷趕走。

欒懷得知後，說：「欒家不拿我當欒家的人，段家也不把我當段家的人，我該去哪裡呢？」氣憤地想到官府討回公道。

親戚替他們從中調解，姪子們也暫時平靜下來。

但是，連氏因為姪子們搶走的牛馬雜物還沒有歸還，仍不肯善了。欒懷勸她放下，連氏說：「我不是為了那些牛馬，而是我心中充滿了怨氣，你父親被他們氣死了，我之所以忍氣吞聲，是因為沒有兒子；現在我有兒子了，還有什麼好怕的！以前的事你不清楚狀況，讓我自己到官府跟他們當面對質。」

欒懷還是一直勸阻她，連氏始終不聽，寫好訴狀就到衙門告狀。

縣官將段家的姪子們拘提到堂上來審問，連氏理直氣壯，言詞懇切有如泉湧，縣令聽了也為之動容，判決段家的姪子們必須歸還搶走的財物。

連氏回到家中，將那些沒有參與謀奪財產的姪子叫來，把追討回來的財物都分送給他們。

連氏活到七十多歲，臨終前她將女兒和孫媳婦叫來，囑咐道：「妳們要記住，如果到三十歲還沒生個兒子，就應該典當首飾，替丈夫納妾。沒有兒子的苦處，實在令人難堪啊！」

理財是一輩子的課題

這個故事強調生兒才能防老，畢竟是在不同時空、不同年代，很多想法已經不符現行法律。我想講的是，無論你的資產多寡，理財應該是一輩子的事。

段家原是富貴人家，到後來卻淪為連立足之地都快保不住的窘境，你以為這樣的事只會發生在古代嗎？其實現今社會還是很可能會發生。很多人因為父母或祖父母留了一些資產，就以為可以衣食無虞、高枕無憂了。

於是不事生產，只想靠祖產度日。但金山銀山也是會有挖空的一天，等到家產揮霍殆盡，晚景自然悲涼。

很多人喜歡問我：「退休金該準備多少錢？」每個人的情況不盡相同，如果你認為存到設定的目標之後就可以不再理會投資理財的事，那麼我認為你過度樂觀了。

有人粗估自己退休後的餘命，例如六十歲退休，活到八十歲上天堂，所以準備二十年的生活費用，綽綽有餘。但現在的醫療發達，科技發展日新月異，人的壽命也在不斷延長，如果你有幸活到九十歲甚至更長壽，那麼，後面的日子要靠什麼過活？

有人以現在的物價水準去推估退休後的消費水準，忽略了通貨膨脹的因素。例如你覺得一個月五萬元，生活應該可以過得還算寬裕，但二十年後的五萬元，真的能讓你的退休生活過得安穩嗎？請你回想一下，二十年前的物價水準跟現在差多少？可能已經翻了一倍！所以，二十年後的五萬元可能只有現在一半的購買力。你在規畫退休金時，必須把往後每一年的通膨都預估進去才合理。

你認為人生的最後十年，什麼消費會是最大宗？答案一定是醫療保健。除非你一輩子無病無痛、永保健康，萬一罹患健保不給付的病，或是手術治療需要自費，除非選擇放棄治療，否則這些燒錢的療法也必須從現在就開始準備。

根據統計，國人不健康的餘命（包括臥床）長達八年！這段時間裡面臨最重大的課題就是人力照顧與財力的消耗。有家屬可以擔此重任的人算是幸運，沒有家屬的只能自力救濟。

但是，有家屬的人就算子女再有孝心，在龐大的身心與財務的壓力之下能撐多久？沒有人知道。若自己能有經濟上的支援，或許比較留得住子女的心。雖然聽起來有點殘酷，卻是血淋淋的現實。

無論是請看護或是家屬親力親為照顧，金錢流失的速度都超過想像。如果臨渴才想掘井，絕對緩不濟急；這也就是為何「一人倒，全家倒」的悲劇時有所聞的原因。

面對不知盡頭在何處的長照之路，當然是愈早籌謀愈好。

看到這裡，你還認為自己預備的退休金足夠嗎？恐怕得重新核算一下，比較保險。

其實這些問題不是沒有解決之道，只要你願意開始行動。現在有很多優質的ＥＴＦ，可以享有不錯的配息，只要定期定額投入，嚴守紀律、長期持續，就可累積可觀的獲利。

建議大家最好能將配得的股息再投入，創造滾雪球般的複利效果。這方法並不難，但只有能堅持執行的人才能笑到最後。

我們的目標在於能盡量儲備夠用的糧草，並努力縮短不健康餘命的時間，也就是讓退休後的生活既健康又有品質。如果疾病是不可控制的變因，就將自己能夠掌控的部分做好做滿。當你愈有充足的準備，生活愈能從容無憂。

投資理財是一輩子的事，絕不是在退休時就能放心喊停的。退休金請靠自己準備，愈早開始愈好。就算你不再有主動收入，也必須讓存下來的錢繼續為你創造被動收入，才能讓退休生活過得安心舒適。

當然，你還必須保證沒有啃老的晚輩，以及有足夠的智慧不被詐騙，否則再多的退休金也不夠花。

人生顧問 563

富必有方：聊齋志異裡的商業思考

作者 林峰丕
責任編輯 龔穗甄
美術設計 王瓊瑤
校對 劉素芬

總編輯 龔穗甄
董事長 趙政岷
出版者 時報文化出版企業股份有限公司
一〇八〇一九 臺北市和平西路三段二四〇號四樓
發行專線 （〇二）二三〇六六八四二
讀者服務專線 〇八〇〇二三一七〇五
（〇二）二三〇六六八四二
讀者服務傳真 （〇二）二三〇四六八五八
郵撥 一九三四四七二四 時報文化出版公司
信箱 一〇八九九 臺北華江橋郵局第99信箱

時報悅讀網 www.readingtimes.com.tw
法律顧問 理律法律事務所 陳長文律師、李念祖律師
印刷 紘億印刷有限公司
初版一刷 二〇二五年八月十五日
初版二刷 二〇二五年九月九日
定價 新台幣四二〇元
（缺頁或破損的書，請寄回更換）

時報文化出版公司成立於一九七五年，
並於一九九九年股票上櫃公開發行，於二〇〇八年脫離中時集團非屬旺中，
以「尊重智慧與創意的文化事業」為信念。

富必有方：聊齋志異裡的商業思考 / 林峰丕著 . -- 初版 . -- 臺北市 : 時報文化出版企業股份有限公司 , 2025.08
面； 公分 . -- (人生顧問 ; 563)
ISBN 978-626-419-655-0(平裝)
1.CST: 聊齋志異 2.CST: 商業管理 3.CST: 成功法

494 114009103

ISBN 978-626-419-655-0
Printed in Taiwan